化工安全技术专业教学指导委员会

主 任 委 员　　金万祥
副主任委员　　（按姓名笔画排列）
　　　　　　　杨永杰　张　荣　郭　正　康青春
委　　　　员　（按姓名笔画排列）
　　　　　　　王德堂　申屠江平　刘景良　杨永杰
　　　　　　　何际泽　冷士良　张　荣　张瑞明
　　　　　　　金万祥　郭　正　康青春　蔡庄红
　　　　　　　薛叙明
秘 书 长　　　冷士良

安全技术类教材编审委员会

主 任 委 员　　金万祥
副主任委员　　（按姓名笔画排列）
　　　　　　　杨永杰　张　荣　郭　正　康青春
委　　　　员　（按姓名笔画排列）
　　　　　　　王德堂　卢　莎　叶明生　申屠江平
　　　　　　　刘景良　孙玉叶　杨永杰　何际泽
　　　　　　　何重玺　冷士良　张　荣　张良军
　　　　　　　张晓东　张瑞明　金万祥　周福富
　　　　　　　胡晓琨　俞章毅　贾立军　夏洪永
　　　　　　　夏登友　郭　正　康青春　傅梅绮
　　　　　　　蔡庄红　薛叙明
秘 书 长　　　冷士良

高职高专"十一五"规划教材
——安全技术系列

电气安全技术

夏洪永　俞章毅　主编

化学工业出版社
·北京·

本教材是根据石油化工安全技术对电气安全的教学需要而编写的。教材中介绍了通用电气安全技术，并针对石油化工等火灾爆炸危险行业的特点，突出了爆炸危险场所的电气安全技术与管理措施。主要内容包括电气安全的基本策略、电气事故预防基本措施、触电事故与预防措施、静电事故与预防措施、雷电事故与防护措施、爆炸危险场所及防爆电气设备、爆炸危险场所电气安全技术、石油化工企业电气运行与维护要求等。

本书可作为高职高专化工安全技术、安全管理专业、化工技术类专业教材，也可作为化工、石油及其他有关领域相关专业电气安全技术教学或培训用教材。

图书在版编目（CIP）数据

电气安全技术/夏洪永，俞章毅主编．—北京：化学工业出版社，2008.7（2022.1重印）
高职高专"十一五"规划教材．安全技术系列
ISBN 978-7-122-03148-8

Ⅰ．电… Ⅱ．①夏…②俞… Ⅲ．电气设备-安全技术-高等学校：技术学院-教材 Ⅳ．TM08

中国版本图书馆 CIP 数据核字（2008）第 088995 号

责任编辑：窦 臻　张双进　　　　　　文字编辑：徐卿华
责任校对：郑 捷　　　　　　　　　　装帧设计：王晓宇

出版发行：化学工业出版社（北京市东城区青年湖南街13号　邮政编码100011）
印　　装：三河市延风印装有限公司
787mm×1092mm　1/16　印张 8½　字数 203 千字　2022 年 1 月北京第 1 版第 13 次印刷

购书咨询：010-64518888　　　　　　售后服务：010-64518899
网　　址：http://www.cip.com.cn
凡购买本书，如有缺损质量问题，本社销售中心负责调换。

定　　价：28.00 元　　　　　　　　　　　　　　　　　版权所有　违者必究

前　言

本教材针对化工安全技术及安全管理专业对电气安全技术需求，从电气安全工程、电气安全标准与规程及安全管理的角度出发，介绍了通用电气安全技术，并针对石油化工等火灾爆炸危险行业的特点，突出了爆炸危险场所的电气安全技术与管理措施。

本教材编写意图，力求使学生在掌握一定的电气安全工程技术的同时，也具备一定的电气安全管理知识，了解相关电气安全标准与规程，建立电气事故防范系统意识、标准与规程意识、电气安全管理意识。本教材内容不局限于介绍电气安全工程技术，也注重电气安全策略与安全管理；在介绍电气安全技术的同时，也注重对电气安全标准、规程的解读。

本教材共分五章，主要涉及电气安全的基本策略、电气事故预防基本措施、触电事故与预防措施、静电事故与预防措施、雷电事故与防护措施、爆炸危险场所及防爆电气设备、爆炸危险场所电气安全措施、石油化工企业电气运行与维护要求等。

教材第一、四章由夏洪永（重庆化工职工大学）编写，第二、三章由俞章毅（金华职业技术学院）编写，第五章由张虎（河南工业大学化工职业技术学院）编写。全书由夏洪永统稿。

由于编者水平有限，书中可能存在不妥之处，恳请读者批评指正。

编　者
2008 年 4 月

目　录

第一章　电气事故与电气安全策略

第一节　电气事故与电气安全技术 ··· 1
　一、电气事故与电气安全 ··· 1
　二、电气安全技术任务及内容 ·· 2
　三、电气安全技术的特点 ··· 2
　四、电气安全的意义 ··· 3
第二节　电气事故分类及原因 ·· 3
　一、电气事故特点 ·· 3
　二、电气事故分类 ·· 4
　三、电气事故的主要原因 ··· 5
　四、电气事故的处置 ··· 6
第三节　电气安全技术措施 ··· 8
　一、保证电气安全的基本要素 ·· 8
　二、预防电气事故的基本策略 ·· 9
第四节　电气安全管理措施 ··· 11
　一、组织管理机构 ·· 11
　二、规章制度 ·· 12
　三、安全检查及安全措施计划 ·· 12
　四、电气安全组织 ·· 13
　五、安全教育与培训 ··· 14
复习思考题一 ·· 15

第二章　触电事故及安全防范技术

第一节　触电及救治 ·· 16
　一、电流对人体的伤害 ··· 16
　二、触电特点、触电形式及触电事故规律 ···································· 18
　三、触电救治 ·· 22
第二节　绝缘、屏蔽、安全间距防护 ·· 25
　一、绝缘防护 ·· 25
　二、外壳防护及选择 ··· 28
　三、屏障防护与安全标识 ·· 30

四、安全间距 ·· 32
第三节　保护接地与保护接零 ·· 35
　　一、保护接地 ·· 35
　　二、保护接零 ·· 38
　　三、等电位连接 ·· 39
第四节　漏电保护与特低电压 ·· 40
　　一、漏电保护 ·· 40
　　二、特低电压 ·· 42
　　三、SELV 和 PELV 的安全电源及回路配置 ································ 43
　　四、电气安全用具 ··· 44
复习思考题二 ·· 46

第三章　静电、雷电与电磁防护

第一节　静电及危害 ··· 49
　　一、静电及其特点 ··· 49
　　二、静电的产生 ·· 50
　　三、静电危害 ·· 50
第二节　静电防范 ·· 51
　　一、影响静电的因素 ·· 51
　　二、静电的预防措施 ·· 52
　　三、防静电产品简介 ·· 53
第三节　雷电危害及防范 ·· 54
　　一、雷电特点及种类 ·· 55
　　二、雷电危害 ·· 56
　　三、雷电防范 ·· 57
第四节　电磁危害及防护 ·· 60
　　一、电磁辐射 ·· 60
　　二、电磁辐射危害 ··· 60
　　三、电磁辐射防护 ··· 61
复习思考题三 ·· 62

第四章　爆炸危险场所电气安全技术

第一节　电气火灾爆炸 ·· 64
　　一、电气火灾爆炸条件 ··· 64
　　二、电气火灾爆炸事故特点 ··· 65
　　三、电气火灾爆炸产生原因 ··· 65
第二节　火灾爆炸危险场所 ·· 66
　　一、爆炸性危险物质及危险场所等级 ···································· 66

二、爆炸危险场所区域等级判断依据 ………………………………………… 69
　　三、爆炸危险场所区域等级及范围划分 ……………………………………… 71
第三节　防爆电气设备 …………………………………………………………………… 78
　　一、电气设备的防爆原理 …………………………………………………… 78
　　二、防爆电气设备 …………………………………………………………… 79
　　三、电气设备的选择 ………………………………………………………… 81
　　四、防爆电气设备运行维护与检修 ………………………………………… 84
第四节　电气防火防爆对策 ……………………………………………………………… 88
　　一、爆炸危险场所防火防爆的基本原则 …………………………………… 88
　　二、电气防火防爆基本措施 ………………………………………………… 89
　　三、消防供电和电气灭火 …………………………………………………… 93
复习思考题四 …………………………………………………………………………… 94

第五章　石油化工生产企业电气安全

第一节　化工生产企业供电安全要求 …………………………………………………… 96
　　一、概述 ……………………………………………………………………… 96
　　二、化工企业供电的意义和要求 …………………………………………… 97
　　三、化工企业供电系统组成 ………………………………………………… 97
第二节　石油化工装置的电气安全 ……………………………………………………… 99
　　一、概述 ……………………………………………………………………… 99
　　二、变电站的供电安全 ……………………………………………………… 100
　　三、电气设备的安全用电 …………………………………………………… 103
　　四、电气设备安全管理制度 ………………………………………………… 105
　　五、电工安全操作规程 ……………………………………………………… 110
第三节　动力、照明及电热系统的防火防爆 …………………………………………… 112
　　一、电动机的防火防爆 ……………………………………………………… 112
　　二、电气照明的防火防爆 …………………………………………………… 118
　　三、电气线路的防火防爆 …………………………………………………… 119
　　四、电加热设备的防火防爆 ………………………………………………… 120
　　五、电气线路与设备检修作业规范 ………………………………………… 121
复习思考题五 …………………………………………………………………………… 122

附录　用电安全导则（GB/T 13869—92）

参考文献

第一章 电气事故与电气安全策略

> **学习目标**
>
> 通过对本章的学习,应达到以下目的。
> 1. 理解电气安全、电气安全技术,掌握电气安全的目的与意义,理解电气安全教育的重要性。
> 2. 掌握电气安全技术的特点,明确电气安全技术的内容及任务。
> 3. 认识电气事故,理解电气事故特点,熟悉电气事故类型及产生原因,了解电气事故的处置要求。
> 4. 熟悉保证电气安全的基本要素,掌握预防电气事故的基本策略,了解电气安全的管理与组织措施。

第一节 电气事故与电气安全技术

人们在现代生产和生活中,使用电能是非常普遍的,但是电能又对人类构成威胁,使用电气设备时常因对用电安全知识认识不足,使用上的疏忽,电气设备的使用、维护不良或设备本质不安全而发生电气事故,导致人员伤亡及财物损失。事实上,在电力、机械、化工、冶金、建筑等工矿事业中存在着大量电气不安全现象,电气事故已成为引起人身伤亡、爆炸、火灾事故的重要原因。

一、电气事故与电气安全

1. 电气事故

所谓电气事故,是由电流、电磁场、雷电、静电和某些电路故障等直接或间接造成建筑设施、电气设备毁坏、人或动物伤亡,以及引起火灾和爆炸等后果的事件。电气事故主要包括触电事故、雷击危害、静电危害、电磁场危害、电气火灾和爆炸,也包括危及人身安全的线路故障和设备故障。由于物体带电不像机械危险部位那样容易被人们觉察到,因而更具有危险性。

2. 电气安全与电气安全技术

电气安全主要包括人身安全与设备安全两个方面。人身安全是指在从事工作和电气设备操作使用过程中人员的安全;设备安全是指电气设备及有关其他设备、建筑的安全。

电气事故往往不是单一原因引起的,为了搞好电气安全工作,必须采取包括工程技术和组织管理等多方面的措施。

电气安全技术是以安全为目标,以电气为领域的应用科学,为了消除电气事故,保证用电安全所采用的技术措施、标准规范与管理制度的统称。电气安全工程技术涉及电气安全技术措施、电气安全组织管理与电气安全标准规范。

二、电气安全技术任务及内容

1. 任务

① 研究各种电气事故及其发生的机理、原因、规律、特点和防护措施。

② 研究运用电气方法,即电气监测、电气检查和电气控制等方法来解决生产中用电的安全问题和评价电力系统的安全性。

2. 内容

① 研究并采取各种有效的安全技术措施。

② 研究并推广先进的电气安全技术,提高电气安全水平。

③ 制定并贯彻安全技术标准和安全技术规程。

④ 建立并执行各种安全管理制度。

⑤ 开展有关电气安全思想和电气安全知识的教育工作。

⑥ 分析事故实例,从中找出事故原因和规律。

安全第一,预防为主。安全工作必须走在事故的前面,否则安全工作就失去了意义。

电气安全技术不仅从安全技术的角度出发,研究各种电气事故及其预防措施;同时也研究如何用电气作为手段,创造安全的工作环境和劳动保护条件。

随着科技进步,各国都在积极研究并不断推出先进的电气安全技术,完善和修订电气安全技术标准和规程,这对于保护劳动者的安全与健康,保护电气设备的安全,保障生产安全都是十分重要的。

三、电气安全技术的特点

1. 周密性

任何一项电气安全技术的产生都有着严格的过程,不得有任何疏忽,任何一个细致的可能都要考虑并做试验,以保证技术的可靠周密,否则将会带来不可估量的损失。

2. 完整性

电气安全技术是一个非常完整的体系,不仅包括电气本身的各种安全技术,而且还包括用电气技术去保证其他方面安全的各项技术。同时,这两方面都完整无缺、滴水不漏且面面俱到,从安全组织管理、技术手段到人员素质、产品质量以及设计安装等,形成一个完整的安全体系。

3. 复杂性

电气安全技术的对象不仅是单一的用电场所,一些非用电场所也有电气安全问题。此外,利用电气及控制技术来解决安全问题以及有关安全技术的元件,不仅有电气技术,还有电子技术、微机技术、检测技术、传感技术及机械技术。这样使得电气安全技术变得很复杂。

4. 综合性

电气安全技术是一门综合技术,除了电气电子技术外,还涉及到许多学科领域,其中包括管理技术、操作规范以及消防、防爆、焊接、起重吊装、挖掘、高空作业、传感器及元器件制作等。随着工业及文明的发展,电的应用愈来愈广泛,电气安全技术将更为复杂化、更具有综合性。任何一项安全措施、操作规程、元器件的产生都是人们在生产实践中不断总结修改而产生的,也只有这样,才具备上述的周密性、完整性。

四、电气安全的意义

在企业生产中，职工大都要与电打交道，对任何企业来说，安全生产是永恒的话题。人是企业的第一资源，开发第一资源的潜能，首先要有一个安全的环境，这是基础、生命线。

安全促进生产，生产必须安全。由于电气设备的特点及电气事故的特殊性，电气事故发生可能导致停电、停产、设备损坏，还可能造成人员伤亡，给工农业生产和人民生活造成很大的影响，同时经济损失难以估量。

安全用电，掌握好电气安全知识，是企业安全生产的前提。

第二节 电气事故分类及原因

一、电气事故特点

电气事故具有以下特点。

1. 电气事故危害大

电气事故的发生总伴随着危害和损失，严重的电气事故不仅带来重大的经济损失，还可能造成人员的伤亡。发生事故时，电能直接作用于人体，会造成电击；电能转换为热能作用于人体，会造成烧伤或烫伤。电气事故在工伤事故中占有不小的比例，据统计，我国触电死亡人数占全部事故死亡人数的 5% 左右。

电能脱离正常的通道，会形成漏电、短路、接地，产生电火花，引发火灾、爆炸。

2. 电气事故危险直观识别难

电既看不见、听不见，又嗅不着，其本身不具备为人们直观识别的特征。由电所引发的危险不易为人们所察觉、识别和理解。因此，给电气事故的防护以及人员的教育和培训带来难度。

3. 电气事故涉及领域广

这个特点主要表现在两个方面。首先，电气事故并不仅仅局限在用电领域的触电、设备和线路故障等，在一些非用电场所，因电能的释放也会造成灾害或伤害。例如，雷电、静电和电磁场危害等，都属于电气事故的范畴。另一方面，电能的使用极为广泛，但凡用电场所，都有可能发生电气事故，都必须考虑电气事故的防护问题。

4. 电气事故具有规律性

电气事故是具有规律性的，且其规律是可以被人们认识和掌握的。在电气事故中，大量的事例表明其具有重复性和频发性，无法预料、不可抗拒的事故只是极少数。

人们在长期的生产和生活实践中，已经积累了同电气事故作斗争的丰富经验，各种技术措施、各种安全工作规程及有关电气安全规章制度，都是这些经验和成果的体现，只要依照客观规律办事，不断完善电气安全技术措施和管理措施，电气事故是可以避免的。

5. 电气事故的防护研究综合性强

一方面，电气事故的机理除了电学之外，还涉及力学、化学、生物学、医学等许多其他学科。因此，电气事故的研究为涉及多学科知识的综合研究。另一方面，在电气事故的预防上，既有技术上的措施，又有管理上的措施，这两方面是相辅相成、缺一不可的。实践表明，即使有完善的技术措施，如果没有相适应的组织措施，仍然会发生电气事故。

一般来说，电气事故的共同原因是安全组织措施不健全和安全技术措施不完善。在技术方面，预防电气事故主要是进一步完善传统的电气安全技术，研究新出现电气事故的机理及其对策，开发电气安全领域的新技术。在管理方面，主要是健全和完善各种电气安全组织管理措施。因此，必须重视防止电气事故的综合措施。

二、电气事故分类

电气事故按发生灾害的形式，可以分为人身事故、设备事故、电气火灾和爆炸事故等；按发生事故时的电路状况，可以分为短路事故、断线事故、接地事故、漏电事故等。

通常按电气事故属性可分为以下几类。

1. 触电事故

人身触及带电体（或过分接近高压带电体）时，电流能量施于人体而造成触电事故。通过触电事故原因分析主要来自于以下方面：一方面由于电气设备的结构、装置上有缺陷，不能满足安全工作要求而造成事故；另一方面，操作人员的违章操作而造成的事故；缺乏电气安全常识造成触电的事故也不少。

[案例一] 2005年5月24日，江苏某工地，工程指挥部组织人员将长9m、宽8m、高2.6m的钢筋架采用人力顶托方法搬运。因顶部钢筋触及高压输电线，造成66人触电倒下，被压在钢筋结构架下。当场死亡24人，伤38人。原因分析：工程指挥部缺乏电气安全常识，选址不当，高压输电线路与地面距离仅4.53m。

[案例二] 2003年8月4日上午，北京某施工现场，4名施工人员在操作钻机打井时，违章操作，导致作业车后面拖着的钻机塔架搭在距离工作场面不及10m的高压线上，4人当场死亡。

[案例三] 2004年8月，某供电局在处理配电事故时，柱上多油断路器突然爆炸，燃烧的油落在杆上准备操作的人员身上，使其全身着火，腰绳烧断后坠落地面。烧伤面积达100%，三度烧伤面积达90%以上，经抢救无效后死亡。经查实，这台多油断路器存在缺陷，从而引起事故。

2. 电气火灾及爆炸事故

电气火灾及爆炸事故是指由于电气方面的原因引起的火灾和爆炸事故。电气火灾和爆炸事故在火灾和爆炸事故中占了很大比例。电气线路、电动机、油浸电力变压器、开关设备、电灯、电热设备等电气设备，由于其结构、运行特点或设备缺陷、安装不当，运行中电流的热量和电火花或电弧是引起火灾和爆炸最常见的原因。

[案例四] 1997年9月19日，广西某市场内因电线接触不良引起发热，导致局部绝缘失效，产生对地放电并引燃可燃物，发生重大火灾，火灾面积达13900m^2，烧毁市场三层楼共271户个体门面及所存的附属物，直接财产损失1900万元。

3. 雷电和静电事故

局部范围内暂时失去平衡的正、负电荷，在一定条件下将电荷的能量释放出来，对人体造成的伤害或引发的其他事故即为雷电和静电事故。雷击常可摧毁建筑物，伤及人畜，还可能引起火灾；静电放电的最大威胁是引起火灾或爆炸事故，也可能造成对人体的伤害。

[案例五] 1989年8月12日，某油库原油罐因雷击爆炸起火，引发的大火烧了104h才扑灭，死亡19人，10辆消防车被烧毁，烧掉原油3.6万吨，直接和间接损失达7000万元。

[案例六] 1987年3月15日，哈尔滨某厂发生特大亚麻粉尘爆炸事故，死亡58人，

受伤177人，直接经济损失880多万元。事故调查表明：事故原因系车间粉尘的排出通道不畅，高浓度的粉尘被静电火花点燃所致。

4. 射频伤害

射频指无线电波的频率或者相应的电磁振荡频率，泛指100kHz以上的频率。射频伤害是由电磁场的能量造成的，亦即电磁场伤害。在高频电磁场的作用下，人体因吸收辐射能量，各器官会受到不同程度的伤害，从而引起各种疾病。如引起中枢神经系统的机能障碍，出现神经衰弱等临床症状；可造成植物神经紊乱，出现心率或血压异常；可引起眼睛损伤，造成晶体浑浊，严重时导致白内障；可造成皮肤表层灼伤或深度灼伤等。

此外，在高强度的射频电磁场作用下，可能产生感应放电，会造成电引爆器件发生意外引爆。

5. 电气系统故障

电气系统故障是由于电能在输送、分配、转换过程中失去控制而产生的。断线、短路、异常接地、漏电、误合闸、误掉闸、电气设备或电气元件损坏、电子设备受电磁干扰而发生误动作等都属于电气系统故障。系统中电气线路或电气设备的故障可能发展为事故，导致人员伤亡及重大财产损失，体现在以下几方面。

(1) 引起火灾和爆炸　线路、开关、熔断器、插座、照明器具、电热器具、电动机等均可能引起火灾和爆炸；电力变压器、多油断路器等电气设备不仅有较大的火灾危险，还有爆炸的危险。在火灾和爆炸事故中，电气火灾和爆炸事故占有很大的比例。就引起火灾的原因而言，电气原因仅次于一般明火而位居第二。

(2) 异常带电　电气系统中，原本不带电的部分因电路故障而异常带电，可导致触电事故发生。例如，电气设备因绝缘不良产生漏电，使其金属外壳带电；高压电路故障接地时，在接地处附近呈现出较高的跨步电压，形成触电的危险条件。

(3) 异常停电　在某些特定场合，异常停电会造成设备损坏和人身伤亡。如正在浇注钢水的吊车，因骤然停电而失控，导致钢水洒出，引起人身伤亡事故；医院手术室可能因异常停电而被迫停止手术，无法正常施救而危及病人生命；排放有毒气体的风机因异常停电而停转，致使有毒气体超过允许浓度而危及人身安全等；公共场所发生异常停电，会引起妨碍公共安全的事故；异常停电还可能引起电子计算机系统的故障，造成难以挽回的损失。

［案例七］　1986年3月26日8时，某市二袜厂工人加班烫熨腈纶背心。8时52分，供电部门停止供电。16时，某工人下班时忘记切断自己使用的电熨斗的电源。17时45分，供电部门恢复送电，到23时15分，由于电熨斗长时间通电过热，点燃可燃物，酿成重大火灾事故，烧毁厂房568m² 和机械设备110台（件），纺织品7.81万余件及其他辅助材料，共计价值53.11万余元。

三、电气事故的主要原因

1. 能量失控形式

无论哪种电气事故，都是由于各种类型的电流、电荷、电磁场的能量不适当释放或转移而造成的。

(1) 电气设备或线路过热　电气设备运行之中总是要发热的。正确设计、正确施工、正确运行的电气设备，在稳定运行时，发热与散热是平衡的，其最高温度和最高温升都不会超过某一允许范围。但当电气设备的正常运行遭到破坏时，发热量增加，温度升高，在一定条件下可能引起火灾。短路、过载、接触不良、铁芯发热、散热不良以及漏电等都可能引起电气设备过度发热，产生危险的温度。

（2）电火花与电弧　电火花可分为工作火花和事故火花。工作火花是指电气设备正常工作时或正常操作过程中产生的火花。事故火花是线路或设备发生故障时出现的火花，以及由外来原因产生的火花，如雷电火花、静电火花、高频感应火花等。

电火花是电极间的击穿放电，电弧是大量的火花汇集成的。一般电火花的温度很高，特别是电弧，温度高达3000～6000℃，因此，电火花和电弧不仅能引起可燃物燃烧，还可能使金属熔化、飞溅，构成危险的火源。在有爆炸危险的场所，电火花和电弧更是一个十分危险的因素。

（3）违章操作　在电气设备、线路、系统的设计、安装、调试与运行维护、检修中，不严格遵守相应的电气安全技术标准、规程，不采取电气安全技术措施与管理措施或措施不当，以及在对电气设备及系统的运行操作中，不遵守电气安全操作规程，导致电气设备或系统在运行、维护与检修中发生短路、过载、异常放电、设备误动作，引起电气事故。

2. 事故责任原因

在电气事故的调查统计中，工业企业中日常发生的电气事故分类如下。

（1）误操作事故　指操作人员违反规程操作或操作失误造成的事故。此外，操作维修时措施不当造成的事故也属于这类事故。

（2）设备维修不善事故　指由于工作人员的过失或管理制度不严造成设备维修不善而引起的事故。

（3）设备制造不良或选择不当事故　指由于电气设备选择不当或设备有先天缺陷而造成的事故。如选用的设备不能胜任所担负的负载或与使用环境不符，产品质量不合格，选用了已淘汰的产品或有先天工艺缺陷的产品等。

（4）外力破坏事故　外力对电气设备的破坏，有自然因素和人为因素两种。自然因素如落雷、静电释放、飓风、大雾等自然气候引起的事故；人为因素如汽车撞断电杆、构筑物倒砸线路等事故。

四、电气事故的处置

尽管人们想方设法防止电气事故的发生，但由于人为因素、设备本身缺陷、意外因素等原因，电气事故总是不可避免地要发生。一旦发生电气事故，应迅速设法恢复供电，防止因长期停电造成经济损失。同时，根据事故的程度应及时定出事故报告。

① 用电单位一旦发生人身触电伤亡或电气火灾，以及发生导致电力系统跳闸、高压供电的用户生产中断、一次用电设备损坏等重大电气事故，应及时向当地供电部门报告，并尽可能保护好现场，以便供电部门组织人力及时进行调查处理，迅速恢复供电。

② 事故发生后，用电单位和有关部门应组织事故调查组，对事故进行详细的调查分析，找出事故发生的原因，制定出善后处理方案和采取防止再发生类似事故的措施，并按有关规定写出事故报告，报送供电部门和有关单位。

③ 对有人员触电死亡的事故和电气火灾事故，还应同时报告当地安全监管部门、劳动部门和公安机关，以便共同调查处理。

电气事故报告的目的是弄清事故是由哪些原因造成的，以便采取适当的措施防止再次发生类似事故，吸取教训，促进使用电气设备的安全性、可靠性。

通过分析电气事故报告，可以判断电气设备的安装、检修、维护保养情况，并可作为检查安全规程有关内容和安全组织、技术措施是否有效的资料。

通过事故报告，可以弄清造成事故的直接责任人、重要责任人、主要责任人和领导责任人，为上级主管部门对事故责任人的处理提供依据。

电气事故报告有速报和详报两种形式，按电气事故报告确定的事故种类选择相应的形式。参见表1-1。

表1-1 电气事故报告形式

事故种类	需有速报和详报	可仅有详报	按事故内容速报或详报
触电死亡事故	○		
非触电死亡事故	○		
电气火灾、爆炸事故	○		
雷击事故			○
波及电力系统事故		○	
静电及放射线事故		○	
主要电气设备损坏事故			○
电气设备施工中发生的事故		○	

电气事故报告格式介绍如下。

(1) 速报　电气事故速报的格式没有特别规定。速报是将发生的事故迅速报告给上级主管部门，可以用电话、电传等形式提出报告。至于追究事故发生的原因、防止再次发生事故的分析等，由接着提出的详报完成。

速报应包括以下内容。

① 发生事故的日期、时间。
② 发生事故的场所。
③ 发生事故的电气设备。
④ 发生事故的大致原因。
⑤ 事故的概况。

同时还应报告应急处理措施、恢复措施、预计恢复日期、善后工作等。

(2) 详报　电气事故详报需按规定的格式填写，参考表1-2。

表中"事故情况"一栏的应将事故发生的经过、严重程度等情况如实地按顺序仔细地记录。如本栏空间不够，可另附纸张记录。

① 事故发生前情况　事故发生前的情况包括气候情况、负荷情况、事故发生区域的电气设备运行情况、安全状况等，属于触电伤亡事故还应记录受害者的操作情况、身心状态及与事故有关的其他事项。

② 事故发生情况　记录事故发生的严重程度、涉及面等。发生触电事故时应将受害者的操作内容、方法以及保护装置的指示和动作情况、电气设备被损坏程度等一一仔细记录。

③ 应急措施　记录为了防止事态的延续和再发生所采取的措施、救护受害人所采取的措施，以及重新恢复供电所采取的措施。

④ 事故原因分析　记录分析事故发生和扩大的原因，属于触电事故还应分析操作程序、工种、操作时的安全措施和用具等。

表 1-2　电气事故详报

_____年_____月_____日　　　　　　　　　　　　　　　　　　单位负责人_____

事故名称						
发生事故日期、时间				气候		
发生事故场所						
发生事故的电气设备				使用电压		
事故情况						
事故原因						
保护装置种类及动作						
损坏电气设备概况						
造成的其他损害						
故障时供给功率及时间						
恢复供电日期、时间				修复所需费用		
防止再发生同类事故措施						
受害人	部门	姓名	性别	年龄	工作年限	受害内容
直接责任人						
主要责任人						
重要责任人						
领导责任人						
企业自用电概况	契约容量		输入电压		输出电压	

第三节　电气安全技术措施

电气安全技术措施是随着科学技术和生产技术的发展而发展的。当前，基本的安全通用技术主要指绝缘防护、屏障防护、安全间距防护、接地接零保护、漏电保护、电气闭锁和自动控制等内容。随着自动控制技术和电子计算机在电气方面的广泛应用，为防止触电和其他电气事故提供了新的防护技术措施。这些措施，不论是什么行业，不论周围环境如何，不论是什么电气设备，都应当充分考虑到；同时也必须满足采用这些技术措施的要求。

一、保证电气安全的基本要素

1. 电气绝缘

保持配电线路和电气设备的绝缘良好，是保证人身安全和电气设备正常运行的最基本要素。电气绝缘的性能是否良好，可通过测量其绝缘电阻、耐压强度、泄漏电流和介质损耗等参数来衡量。

2. 电气安全距离

是指人体、物体等接近带电体而不发生危险的安全可靠距离。如带电体与地面之间、带电体与带电体之间、带电体与人体之间、带电体与其他设施和设备之间均应保持一定距离。

通常，在配电线路和变、配电装置附近工作时，应考虑线路安全距离，变、配电装置安全距离，检修安全距离和操作安全距离等。

3. 安全载流量

导体的安全载流量，是指允许持续通过导体内部的电流量。持续通过导体的电流如果超过安全载流量，导体的发热将超过允许值，导致绝缘损坏，甚至引起漏电和发生火灾。因此，根据导体的安全载流量确定导体截面和选择设备是十分重要的。

4. 标志

明显、准确、统一的标志是保证用电安全的重要因素。标志一般有颜色标志、标示牌标志和型号标志等。颜色标志表示不同性质、不同用途的导线；标示牌标志一般作为危险场所的标志；型号标志作为设备特殊结构的标志。

5. 电气设备基本要求

电气事故统计资料表明，由于电气设备的结构有缺陷，安装质量不佳，不能满足安全要求而造成的事故所占比例很大。因此，为了确保人身和设备安全，在安全技术方面对电气设备有以下要求。

① 对裸露于地面和人身容易触及的带电设备，应采取可靠的防护措施。

② 设备的带电部分与地面及其他带电部分应保持一定的安全距离。

③ 易产生过电压的电力系统，应有避雷针、避雷线、避雷器、保护间隙等电压保护装置。

④ 低压电力系统应有接地、接零保护装置。

⑤ 对各种高压用电设备应采取装设高压熔断器和断路器等不同类型的保护措施；对低压用电设备应采用相应的低压电器保护措施进行保护。

⑥ 加强静电防护管理，采取积极的静电防护措施。

⑦ 按照国家对燃爆危险场所等级选择相符的防爆电气设备，并构成整体防爆系统。根据某些电气设备的特性和要求，应采取特殊的安全措施。

二、预防电气事故的基本策略

1. 准确划分作业环境

不同的环境对用电设备有不同的要求，在电气设备的设计、制造、安装与使用维护中，具有对环境的选择性。正确划分作业环境，是保证合理选用电气设备、消除电气事故隐患、安全生产的技术前提。

生产车间作业环境，一般可分为以下几种类型。

(1) 触电危险性不大的环境　具备下述三个条件者，可视为触电危险性不大的环境：

① 干燥（相对湿度不超过75%），无导电性粉尘；

② 金属物品少（或金属占有系数小于20%）；

③ 地板为非导电性材料制成（木材、沥青、瓷砖等）。

(2) 触电危险性大的环境　凡具备下述条件之一者，即可视为触电危险性大的环境：

① 潮湿（相对湿度大于75%）；

② 有导电性粉尘；

③ 金属占有系数大于20%；

④ 地板由导电性材料制成（泥、砖、钢筋混凝土等）。

(3) 有高度触电危险的环境 凡具备下述条件之一者（或同时具备触电危险性大的环境条件中任意两条者），即可视为有高度触电危险的环境：

① 特别潮湿（相对湿度接近100%）；

② 有腐蚀性气体、蒸汽或游离物存在。

(4) 有爆炸危险的环境 凡具备下述条件之一者，即可视为有爆炸危险的环境：

① 制造、处理和储存爆炸性物质；

② 能产生爆炸性混合气体或爆炸性粉尘。

(5) 有火灾危险的环境 凡制造、加工和储存易燃物质的环境，均属于有火灾危险的环境。

2. 合理选择电气设备

按照国家有关电气安全标准、规范，如《电工电子设备防触电保护分类》（GB/T 2501—90）、《电气设备外壳防护等级分类》（GB 4208）、《爆炸性环境防爆电器设备》（GB 3836—2000）、《中华人民共和国爆炸危险场所电气安全规程》、《爆炸和火灾危险环境电力装置设计规范》（GB 50058—92）等，选用、使用与环境相适应的电气设备。

① 触电危险性不大的环境，可选用开启式配电板和普通型电气设备；使用Ⅱ类电动工具或配有漏电保护器的Ⅰ类电动工具。

② 触电危险性大的环境，必须选用封闭式动力、照明箱（柜），使用Ⅱ类电动工具。

③ 有高度触电危险的环境，必须选用封闭式动力、照明箱（柜），使用Ⅲ类电动工具或配有漏电保护器的Ⅱ类电动工具，禁止使用Ⅰ类电动工具。

④ 在有水、粉尘、异物侵入危害及有触及危害的场合，应采用借助外壳防护（IP标识设备）的电气设备。

⑤ 有爆炸或火灾危险的环境，必须选用隔爆型或防爆型电气设备，完善防爆电气线路，构建整体防爆系统，禁止使用临时用电设备。

3. 科学设置安全检测、保护装置

(1) 漏电保护装置 按照国家《漏电保护器安全监察规定》，"凡触电、防火要求较高场所和新、改、扩建工程使用各类低压用电设备、插座，均应安装漏电保护器。"装设漏电保护装置的主要作用是防止由于漏电引起人身触电，其次是防止由于漏电引起的设备火灾以及监视、切除电源一相接地故障。

(2) 电气安全联锁装置 凡以安全为目的互为制约动作的电气装置，称为电气安全联锁装置。存在触电危险的装置、部位设置防触电事故联锁装置；存在因设备故障而引起电气事故的电气设备或线路中设置排除电路故障联锁装置；存在生产工艺程序化、预防事故程序要求的线路中设置电气闭锁装置（执行工作安全程序联锁装置）。

(3) 信号检测、报警及联锁装置 对重要设备、装置应实时掌握其运行状态，对于重要场所、危险场所的重要参数、危险参数需掌握其动态变化，可利用热电、光电、气敏、超声等现代传感检测手段，构成先进的检测报警、联锁装置，消除危害因素，排除故障，避免事故发生。

4. 完善接地、接零及防雷系统

严格按照国家《建筑防雷设计规范》（GB 50049—94）、《建设工程施工现场供用电安全规范》（GB 50194—93）、《石油化工防火设计规范》（GB 50160—92）、《爆炸和火灾危险环境电力装置设计规范》（GB 50058—92）等标准、规范，完善保护接地、接零、防雷防护系统，维护系统的完好性、可靠性、有效性，是防止触电、电气火灾、爆炸事故的有效措施。

5. 综合实施静电防护

静电是生产、生活中的普遍现象，成为石油、化工、电子、纺织等行业生产的隐患。由于静电产生的复杂性，在其防护措施上应采取积极消减、综合防护的手段。如改造工艺、操作规程控制静电产生，添加导电材料、增加空气湿度等释放静电，设置中和装置消减静电，设置静电接地释放静电，穿戴静电防护用品等措施。严守操作规程、加强积极防护措施。

6. 保持电气设备正常运行

电气设备运行中产生的火花和危险温度是引起火灾的重要原因，保持电气设备的正常运行对防火防爆有着重要意义。电气设备的正常运行包括电气设备的电压、电流、温升等参数不超过允许值，具有足够的绝缘能力，电气连接良好等。

保持电压、电流、温升不超过允许值是为了防止电气设备过热。在这方面，要特别注意线路或设备连接处的发热，连接不牢或接触不良都容易使温度急剧上升而过热。保持电气设备绝缘良好，除可以免除造成人身事故外，还可避免由于泄漏电流、短路火花或短路电流造成火灾或其他设备事故。

因此，岗位操作人员、电气人员必须严守操作规程，防止误动作；电气人员定期巡查和检修电气设备，消除电气设备、线路隐患，保持设备、线路的机械电气性完好。

此外，保持设备清洁有利于防火。设备脏污或灰尘堆积既降低设备的绝缘又妨碍通风和冷却，特别是正常时有火花产生的电气设备，很可能由于过分脏污引起火灾。因此，从防火的角度出发，应定期或经常清扫电气设备，保持清洁。

第四节 电气安全管理措施

安全生产，管理先行。防止电气事故，技术措施十分重要，组织管理措施亦必不可少。

电气安全管理的任务是对电气线路、电气设备及其防护装置的设计、制造、安装、调试、操作、运行、检查、维护及技术改造等环节中的不安全状态和对电工作业人员、用电人员的不安全行为进行监督检查，以达到降低各种电气事故率，保障劳动者在劳动过程中的安全、健康，促进社会经济发展。

电气安全管理是以国家颁布的各种法规、规程和制度为依据。管理工作大致包含组织机构、规章制度建立、进行电气安全检查、安全组织措施、电工管理、安全教育、组织事故分析、建立安全资料档案等。

一、组织管理机构

单位在组织生产过程中，必须坚持"安全第一，预防为主"的方针，建立健全安全生产责任制及组织管理机构。

安全生产责任制是加强安全管理的重要措施，其核心是实行"管生产必须管安全"、"安全生产，人人有责"、"安全第一，预防为主"。

工业企业电气安全管理机构，一般包括厂（公司）、科（处）、车间三级管理和班组。在各级管理机构中，应专人负责并明确责任，使本部门的电气安全管理真正做到"专管成线，群管成网"。

厂长（总工程师）负有全面领导电气安全工作的责任。分管设备与安全技术工作的领导，对电气安全工作负有直接领导责任。直接领导根据本单位制定的安全工作计划，定期检查和考核有关职能部门，并全面掌握电气安全的工作动态。

设备部门应具体负责贯彻、落实电气安全方面的法规、标准和制度，负责安全检查和整改电气隐患，负责对电气作业人员进行经常性的安全教育和多方面的考核工作。

安全技术部门应负责监督检查，组织检查本单位的电气安全工作。安全部门与设备部门主动配合、互相支持，是搞好电气安全工作的重要保证。

车间、班组需指定专人协助车间领导搞好电气安全管理工作，除经常对车间范围内的电气设备进行巡检外，还应督促电气人员对事故隐患进行整改。

二、规章制度

建立并完善电气安全操作规程、运行管理与维护制度及相关规章制度，是保证安全、促进生产的有效手段。

按照国家有关电气安全标准、规程，如《用电安全导则》（GB/T 13869—92）、《手持式电动工具的管理、使用、检查和维修安全技术规程》（GB3787）、《中华人民共和国爆炸危险场所电气安全规程》等，根据工种性质和环境建立健全各种安全施工、安全操作、安全运行与维护方面的规章制度。如电气设备安装规程、变配电室值班安全操作规程、电气设备和线路巡检安全制度、电气设备定期检修与预防性试验制度、电气设备运行管理规程等。

对于特种电气设备、手持电动工具、移动电气设备、临时线路等容易发生电气事故的用具和设备，应按照国家标准建立专人管理的责任制。

进行设备检修，特别是高压设备的检修，为了保证检修安全，必须建立停电、送电、倒闸操作和带电作业等一系列电气安全制度。

建立图纸、资料建档制度，正确、完整的电气图纸与资料是做好电气安全工作的重要依据。对于重要设备的技术参数、出厂资料及说明书、运行记录、检修内容、试验数据等应独立建档。对于电气设备事故、电气人身事故的资料记录也应保存，以便掌握规律，制定对应的电气安全措施。

三、安全检查及安全措施计划

经常进行安全检查、电气试验，是保证做好安全工作的一项重要措施。电气安全检查包括日常性的电气安全巡查，定期电气安全检查与电气试验，完善并规范检查、试验数据记录。特别应注意雨季前与雨季中的安全检查。

定期电气安全检查对象涉及电气设备（高低压设备、装置、测量控制装置等）、电气线路（架空、室内配线、电缆、临时线路等）、电气安全防护装置（漏电保护、安全联锁、雷电与静电保护装置等）以及电气安全用具。检查范围包括设备运行状况、设备电气性能与力学性能、设备主体及附属装置完好性、连接部位及连接状况、环境与防护等级变化、安全措施缺陷等。

按照安全工作计划进行电气检查，应组织有经验的电气人员进行，明确检查重点，检测项目及内容根据相关电气安全标准、电气安全检查程序进行。

电气安全试验是了解电气装置状况的重要手段，通过对试验结果的分析，检验设备制造质量、安装质量、运行中设备工作状态和性能变化，从中发现设备存在的缺陷。电气试验必须严格执行《电气装置安装工程电气交接实验标准》（GB50150—91）、《石油化工施工安技术规程》(SH3505—91)、《炼油化工施工安全规程》(HGJ233—87)等安全标准规范。

电气试验按其对象和目的,可分为绝缘试验、电气特性试验、机械特性试验,电气设备在安装竣工投入使用前要进行交接试验,运行中做定期性的预防性试验,安全检修与故障检修后也要做一定试验分析。

通过电气安全检查、电气试验,分析数据资料、现象,对电气设备、装置及系统作出科学、准确的安全评价,及时发现问题、缺陷,及时消除隐患,保证电气设备安全运行,防止电气安全事故。

电气安全检查制度的落实如下。

① 查制定电气安全工作计划及检查计划。制定本部门的电气安全工作计划、检查计划,根据相关电气安全标准、电气安全检查程序明确检查重点,检测项目及内容。

② 查组织落实。企业主管部门应有人负责电气安全工作,车间、班主应配有经验丰富、熟悉安全规程的电气人员担任安全员。

③ 定期组织安全检查。每年至少组织两次安全检查,一般性检查每季度进行一次。特别应该注意事故多发季节及雨季和节假日前后的安全检查。

④ 查用电安全制度和安全操作规程。对于已制定的安全制度和操作规程要检查是否完善及有不妥之处,并作出修改。对于尚未制定的安全制度和操作规程,要限期制定。

⑤ 查电气工作人员是否严格按照安全制度和操作规程办事,有无违章现象。查工作日志和值班记录。

各部门应根据所辖范围内电气设施的具体情况制定安全措施计划,有计划地改善电气安全状况,及时应用电气安全科研成果和新标准、新技术,不断提高电气安全水平。

安全措施计划是企业生产、技术计划的一部分。经批准后,资金、设备、材料与人力要落实,应有明确的负责部门和负责人,并按期完成技术改造。

四、电气安全组织

电气人员在从事电气工作中,虽然其工作性质为技术工作,也包含十分重要的组织措施,可参见《用电安全导则》(GB/T 13869)等相应标准、规范。这些组织措施是保证电气工作安全实施的保障。

1. 检修工作的安全组织

检修工作一般分为全部停电检修、部分停电检修和带电检修三种情况。为了保证检修安全,除必须遵守"停电、验电、装设接地线、悬挂标示牌和装设遮栏"等技术管理措施外,还应建立工作票制度和监护制度等组织管理措施。

① 在高压线路和高压电气设备上工作时,应填写工作票,详情参见"变电配电所管理规程"。

② 低压带电设备检修应填写《危险作业申请单》,并设专人监护。监护人不得擅离岗位或做与监护工作无关的事情。操作者与监护人应穿戴好防护用具。

③ 同一部位不得有两人同时操作。雾、雨、雪、潮湿等环境及易燃易爆场所严禁带电作业。

④ 在行人穿越区域作业,应设置护栏并悬挂标示牌。

2. 易燃易爆场所安全组织

场所专职电气人员每班必须巡视、检查并填写工作记录。严格执行场所清理,严格执行电气操作规程,并禁止带电作业。该场所的供电线路上,禁止挂接向外供电线路。

3. 架设临时线路的安全组织

在工业企业中,由于生产、生活及某些特殊情况的需要,架设有各种使用时间不长的电源线路,统称为"临时线路",它包括以下几种情况:固定设备未按规程安装的电源线路;基建施工照明、机具用电电源线;临时性设施或试验用电。

临时线路的安全管理措施如下。

① 需要架设临时线路的部门应提出申请,填写申请单,必须注明装拆时期、管理责任人。报主管部门批准后方可敷设。

② 临时线路敷设后,经设备部门检查合格,并悬挂"临时线危险"警告牌后,方可投入运行。

③ 临时线路一般不超过三个月,需要延期,则需办理变更手续,超过三次,应按正规线路安装。

④ 临时线路使用完毕,应立即拆除。

4. 非生产用电场所的电气安全组织

非生产用电场所必须有专职电气人员进行巡检、维护、检修工作。不准无操作证的人员私接、乱拉电气线路,不准随意装接用电设备和更换闸刀开关的熔丝。

非生产用电场所的废旧电线、熔断器、闸刀开关等必须立即拆除,所有电气线路及设备必须保证完好无损。

当班行政负责人,下班前必须检查所辖区内安全用电情况,并截断电源。

五、安全教育与培训

积极做好电气安全宣传教育工作,使每一个职工都认识到安全用电的重要性,懂得电的性质和危险性,掌握安全用电的一般知识和触电急救的基本方法,从而能安全地、有效地进行工作。

对于电气从业人员、安全管理人员定期进行电气安全新技术、新规程的学习培训;开展交流活动,推广各单位先进的安全组织措施和安全技术措施,促使电气安全工作向前发展。新参加电气工作的人员、实习人员和临时参加劳动的人员,必须经过安全知识教育后,方可到现场随同参加指定的工作,但不得单独工作。对外单位派来的支援电气工作人员,工作前应介绍现场电气设备接线情况和有关安全措施。

新入厂的工作人员要接受厂级、车间、班组三级安全教育,对一般职工要求懂得电和安全的一般知识,对使用电气设备的一般生产人员,还应懂得有关安全规程;对于独立工作的电气工作人员,更应懂得电气装置的安装、使用、维护、检修过程中的安全要求,应熟悉电气安全操作规程,学会电气灭火方法,掌握触电急救的技能,并按照国家有关的法规经过专门的培训、考核持证后方可独立操作。

组织相关安全资料、电气安全事故资料,利用广播、图片、标语、现场会、培训班针对性开展安全教育、事故教育,坚持群众性的、经常性的、多样化的教育,强化每一个职工的安全意识、严格遵守安全操作规程,保证工作中的人员安全、设备安全及生产安全。

安全管理无止境,安全只有起点,没有终点。在工作中,不论在生产现场还是检修地点,不论是在车间,还是班组,必须时刻为职工群众拨动安全弦,敲响安全警钟,只有把"安全第一"方针与国家安全指示精神送到职工的心坎上,印在职工群众的脑海中,增强职工的安全意识，教育职工自觉遵章守纪，严格考核，才能促进安全生产，确保企业的安稳和持续发展。

复习思考题一

1. 什么是电气事故？电气事故有何特点？
2. 电气事故有哪些类型？电路系统故障可能转变为电气事故体现在哪几个方面？
3. 在电气事故属性方面，导致电气事故发生的主要原因有哪些？
4. 电气事故报告详报与速报的区别是什么？报告的目的及作用是什么？
5. 从安全用电的角度如何划分作业环境？
6. 什么是电气安全与电气安全技术？
7. 电气安全技术的内容与任务分别有哪些？
8. 电气安全技术具有哪些特点？保证电气安全应从哪两方面入手？
9. 保证用电安全的基础要素、基本策略包括哪些方面？
10. 为了确保人身和设备安全，在安全技术方面对电气设备在设计、制造和安装有哪些基本要求？
11. 在电气安全管理方面应做好哪些方面的工作？
12. 电气安全检查的目的是什么？如何落实电气安全检查？

第二章 触电事故及安全防范技术

> **学习目标**
>
> 通过本章学习，达到下述目标。
> 1. 掌握电气设备的绝缘方式与屏障防护、电气设备的保护接地与保护接零、漏电保护与特低电压的相关知识。
> 2. 理解触电原因和触电救治方法、电气设备的安全间距、等电位连接。
> 3. 了解电流对人体的伤害、电气设备触电防护等级、特低电压及电气安全用具的使用。

第一节 触电及救治

一、电流对人体的伤害

电流可能对人体构成多种伤害，触电是电流的能量直接作用于人体或转换成其他形式的能量作用于人体造成的伤害。例如，电流通过人体，人体直接接受电流能量将遭到电击；电能转换为热能作用于人体，致使人体受到烧伤或灼伤。按人体受到伤害程度不同，触电伤害可分为电击、电伤两类。

1. 电击

电击是电流通过人体内部，机体组织受到刺激，破坏人的心脏、神经系统、肺部的正常工作造成的伤害。严重的电击是指人的心脏、肺部神经系统的正常工作受到破坏，乃至危及生命的伤害，数十毫安的工频电流即可使人遭到致命的电击，绝大多数的触电死亡事故都是由电击造成的。

由于人体触及带电的导线、漏电设备的外壳或其他带电体，以及由于雷击或电容放电，都可能导致电击。按照发生电击时电气设备的状态，电击可分为直接接触电击和间接接触电击。

(1) 直接接触电击 直接接触电击是触及设备和线路正常运行时的带电体发生的电击，也称为正常状态下的电击。

(2) 间接接触电击 间接接触电击是触及正常状态下不带电，而当设备或线路故障时意外带电的导体发生的电击（如触及漏电设备的外壳发生的电击），也称为故障状态下的电击。

电击的主要特征如下。

① 在人体的外表没有显著的痕迹。电击致伤的部位主要在人体内部，而在人体外部不会留下明显痕迹。

② 伤害人体内部，致命电流较小。数十至数百毫安的小电流通过人体而使人致命的主要原因是引起心室颤动（心室纤维性颤动），麻痹和中止呼吸。

当人体遭受电击时，如果有电流通过心脏，可能直接作用于心肌，引起心室颤动；如果没有电流通过心脏，也可能经中枢神经系统反射作用于心肌，引起心室颤动。发生心室颤动时，心脏每分钟颤动 1000 次以上，而且没有规则，血液实际上中止循环，大脑和全身迅速缺氧，伤情将急剧变化。心脏发生心室颤动持续时间不长，如不能及时抢救，心脏将很快停止跳动，导致死亡。

人体遭受电击时，如有电流作用于胸肌，将使胸肌发生痉挛，使人感到呼吸困难。电流越大，感觉越明显。如作用时间较长，将发生憋气、窒息等呼吸障碍。窒息后，意识、感觉、生理反射相继消失，直至呼吸中止，导致死亡。

电休克是机体受到电流的强烈刺激，发生强烈的神经系统反射，使血液循环、呼吸及其他新陈代谢都发生障碍，以致神经系统受到抑制，出现血压急剧下降、脉搏减弱、呼吸衰竭、神志昏迷的现象。电休克状态可以延续数十分钟到数天。其后果可能是得到有效的治疗而痊愈，也可能由于重要生命机能完全丧失而死亡。

2. 电伤

电伤包括电灼伤、电烙印、皮肤金属化、机械损伤、电光眼等多种伤害，是由电流的热效应、化学效应等对人体造成的伤害。电伤会在机体表面留下明显的伤痕，但其伤害作用可能深入体内。与电击相比，电伤属局部性伤害，电伤的危险程度取决于受伤面积、受伤深度、受伤部位等因素。尽管大多数的触电死亡事故是电击造成的，但超过 60% 含有电伤成分，因此，预防电伤具有重要的意义。

（1）电灼伤　电灼伤可分为电流灼伤和电弧烧伤。

电流灼伤是人体与带电体接触，电流通过人体由电能转换成热能造成的伤害。电流越大、通电时间越长，电流途径的电阻越小，则电流灼伤越严重。由于人体与带电体接触的面积一般都不大，加之皮肤电阻又比较高，使得皮肤与带电体的接触部位产生较多的热量，受到严重的灼伤。当电流较大时，可能灼伤皮下组织。电流灼伤一般发生在低压设备或低压线路上。

电弧烧伤是由弧光放电造成的伤害，分为直接电弧烧伤和间接电弧烧伤。直接电弧烧伤是带电体与人体之间发生电弧，有电流流过人体的烧伤；间接电弧烧伤是电弧发生在人体附近对人体的烧伤，包含熔化了的炽热金属溅出造成的烫伤。直接电弧烧伤是与电击同时发生的。

电弧温度高达 5000℃ 以上，可造成大面积、大深度的烧伤，甚至烧焦、烧掉四肢及其他部位。大电流通过人体，也可能烘干、烧焦机体组织。高压电弧的烧伤较低压电弧严重，直流电弧的烧伤较工频交流电弧严重。

（2）电烙印　电烙印是电流通过人体后，在接触部位留下永久性的斑痕。斑痕处皮肤硬变，失去原有弹性和色泽，表层坏死，失去知觉。

（3）皮肤金属化　皮肤金属化是在电弧高温的作用下，金属熔化、汽化，金属微粒渗入皮肤造成的，受伤部位变得粗糙而张紧。皮肤金属化多与电弧烧伤同时发生，而且一般都伤在人体的裸露部位。当发生弧光放电时，与电弧烧伤相比，皮肤金属化不是主要伤害。

（4）电光眼　电光眼是发生弧光放电时，由红外线、可见光、紫外线对眼睛造成的伤害。电光眼表现为角膜和结膜发炎。对于短暂的照射，紫外线是引起电光眼的主要原因。

3. 影响触电伤害程度的因素

（1）电流大小的影响　电流的大小直接影响人体触电的伤害程度。不同的电流会引起人体不同的反应。根据人体对电流的反应，习惯上将触电电流分为感知电流、摆脱电流和心室纤颤电流。

成年男性平均感知电流约为 1.1mA（有效值，下同）、成年女性约为 0.7mA；成年男性平均摆脱电流约为16mA、成年女性平均摆脱电流约为10.5mA、儿童的摆脱电流较成人要小；当电流持续时间超过心脏周期时，室颤电流仅为50mA左右。

（2）电流持续时间的影响　人体触电时间越长，电流对人体产生的热伤害、化学伤害及生理伤害愈严重。一般情况下，工频电流15～20mA以下及直接电流50mA以下，对人体是安全的。但如果触电时间很长，即使工频电流小到8～10mA，也可能使人致命。

（3）电流流经途径的影响　电流流过人体途径，也是影响人体触电严重程度的重要因素之一。当电流通过人体心脏、脊椎或中枢神经系统时，危险性最大。电流通过人体心脏，引起心室颤动，甚至使心脏停止跳动。电流通过背脊椎或中枢神经，会引起生理机理失调，造成窒息致死。电流通过脊髓，可能导致截瘫。电流通过人体头部，会造成昏迷等。

（4）人体电阻的影响　在一定电压作用下，流过人体的电流与人体电阻成反比。因此，人体电阻是影响人体触电后果的另一因素。人体电阻由表面电阻和体积电阻构成。表面电阻即人体皮肤电阻，对人体电阻起主要作用。有关研究结果表明，人体电阻一般在1000～3000Ω范围。

人体皮肤电阻与皮肤状态有关，随条件不同在很大范围内变化。如皮肤在干燥、洁净、无破损的情况下，可高达几十千欧，而潮湿的皮肤，其电阻可能在1000Ω以下，同时，人体电阻还与皮肤的粗糙程度有关。

（5）电流频率的影响　经研究表明，人体触电的危害程度与触电电流频率有关。一般地来说，频率在25～300Hz的电流对人体触电的伤害程度最为严重。低于或高于此频率段的电流对人体触电的伤害程度明显减轻。如在高频情况下，人体能够承受更大的电流作用。目前，医疗上采用20kHz以上的高频电流对人体进行治疗。

（6）人体状况的影响　电流对人体的伤害作用与性别、年龄、身体及精神状态有很大的关系。一般地说，女性比男性对电流敏感，小孩比大人敏感。

二、触电特点、触电形式及触电事故规律

1. 触电特点

① 触电事故前无明显的征兆，事故发生往往很突然，发生在举手投足的一瞬间。

② 通常受到电击的人很难自救以摆脱危险处境。因为一旦触电，神经、肌肉都会抽搐，甚至立即丧失意识，停止呼吸和心脏搏动，在极短时间内就会伤亡，而不像某些事故那样有自我摆脱和呼救的时间。

③ 当有人触电时，救护人员由于救护方法不当，也往往同样遭到不幸。

2. 触电形式

触电事故大多是由于有关人员疏忽大意、缺乏安全用电知识、不遵守安全技术要求、违章作业所致。

按照人体触及带电体的方式和电流流过人体的途径，电击可分为单相触电、两相触电和跨步电压触电。

（1）单相触电　当人体直接触碰三相带电设备中的一相，电流便通过人体流入大地，这种触电叫单相触电。此外，站在高压设备或带电体附近的人员，虽未直接触碰带电体，但当人体距高压带电体的距离小于规定的安全距离时，将发生高压带电体对人体放电，造成单相接地而引起触电事故，这种触电也叫单相触电。

低压电网通常由变压器供电，在变压器的低压侧，有中性点直接接地和中性点不直接接

地两种接线方式。这两种接线方式发生单相触电示意图见图 2-1。

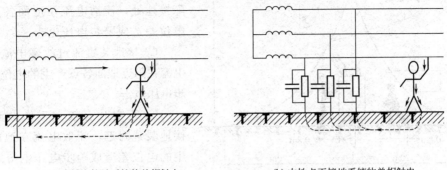

(a) 中性点接地系统的单相触电　　(b) 中性点不接地系统的单相触电

图 2-1　两种接线方式发生单相触电示意图

① 在中性点直接接地的低压系统中，当人体触及一相带电体时，该相电流通过人体经大地回到中性点形成回路。由于人体电阻比中性点直接接地的电阻要大得多，电压几乎全部加在人体上，造成触电。

② 在中性点不直接接地的低压系统中，电气设备对地有相当大的绝缘电阻，在这种系统中若发生单相触电，通过人体的电流很小，一般不致造成对人体的危害。但是，当电气设备、导线的绝缘损坏或绝缘老化，其对地绝缘电阻降低时，在这种系统中同样会发生电流通过人体流入大地的单相触电事故。

(2) 两相触电　人体同时接触带电设备或带电线路的两相，以及在高压系统中，人体距高压带电体的距离小于规定的安全距离，造成电弧放电，电流从一相导体流入另一相导体，此时所发生的触电，叫两相触电。

在两相触电时，虽然人体与地有良好的绝缘，但因人同时和两根相线接触，人体处于电源线电压下，在电压为 380/220V 的供电系统中，人体受 380V 电压的作用，通过人体的电流将达到 260～270mA，这样大

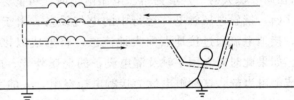

图 2-2　两相触电示意图

的电流通过人体，只要经过 0.1～0.2s，就可致人于死地。因此两相触电比单相触电的危险性要大得多。两相触电示意图见图 2-2。

(3) 跨步电压触电　当电气设备发生接地故障，接地电流通过接地体向大地流散，在地面上形成电位分布时，若人在接地短路点周围行走，其两脚之间的电位差，就是跨步电压。由于跨步电压的作用，电流从人的一只脚经下身，通过另一只脚流入大地形成回路，引起人体触电，这种触电方式称为跨步电压触电。接地电流分布曲线及接触电压、跨步电压示意图见图 2-3。

当一根带电导线断落在地上或运行中的电气设备因绝缘损坏而漏电时，电流就会通过导线落地点或设备接地体向大地流散，以落地点或接地体为圆心，半径为 20m 的圆面内形成分布电位。跨步电压触电时，触电者先感到两脚麻木，然后发生抽筋以致跌倒，跌倒后由于手、脚之间的距离加大，电压增加，心脏串接在电路中，只要电流通过内脏的时间达到 2s，就有生命危险。

下列情况和部位容易发生跨步电压电击。

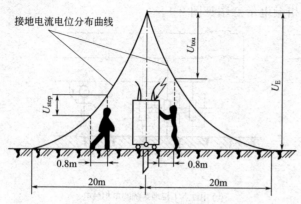

图 2-3 接地电流分布曲线及接触电压、跨步电压

① 带电导体，特别是高压导体故障接地处，流散电流在地面各点产生的电位差造成跨步电压电击。

② 接地装置流过故障电流时，流散电流在附近地面各点产生的电位差造成跨步电压电击。

③ 正常时有较大工作电流流过的接地装置附近，流散电流在地面各点产生的电位差造成跨步电压电击。

④ 防雷装置接收雷击时，极大的流散电流在其接地装置附近地面各点产生的电位差造成跨步电压电击。

⑤ 高大设施或高大树木遭受雷击时，极大的流散电流在附近地面各点产生的电位差造成跨步电压电击。

跨步电压的高低受接地电流大小、鞋和地面特征、两脚之间的跨距、两脚的方位以及离接地点的远近等很多因素的影响。人体与接地故障点的距离越近，跨步电压越高，危险性越大；离接地故障点越远，电流越分散，地面电位也越低。当人体与故障点距离达到 20m 以上，地面电位近似等于零，跨步电压也接近于零，此时就没有触电危险。人的跨距一般按 0.8m 考虑。

由于跨步电压受很多因素的影响以及由于地面电位分布的复杂性，几个人在同一地带（如在同一棵大树下）遭到跨步电压电击时，可能会出现截然不同的后果。

(4) 接触电压触电 运行中的电气设备，由于绝缘损坏或其他原因发生接地短路故障时，接地电流通过接地点向大地流散，将形成以接地故障点为中心、20m 为半径的分布电位。如果此时有人用手触及漏电设备的金属外壳，电流便通过人手、人体和大地构成回路，造成触电事故，这种触电称为接触电压触电，人的手与脚之间的电位差称为接触电压（见图 2-4 中 U_{xg}）（以人站在发生接地短路故障设备的旁边，距设备水平距离为 0.8m，人手触及设备外壳处距地面 1.8m 计算）。接触电压值的大小随人体站立点的位置而定。人体距接地短路故障点越远，接触电压值越大；人体站在距接地短路故障点 20m 以外的地方，触及漏电设备的金属外壳时，接触电压达到最大值（等于漏电设备的对地电压）；人体站在接地短路故障点与漏电设备的金属外壳接触时，接触电压为零。接触电压触电示意图如图 2-4 所示。

此外，由于触电者所穿的靴、鞋和站立地点的地板都有一定的电阻，可以减小人身所承受的接触电压。因此，严禁在裸臂、赤脚的情况下去操作电气设备。操作电气设备时，应穿长袖工作服，使用绝缘防护工具，并有专人监护，以确保安全。

必须指出，在三相四线制中性点直接接地的低压系统中，有时漏电设备的金属外壳与接地短路故障点距离较远，虽然采用了保护接地，但仍有触电危险。

(5) 感应电压触电 一些不带电的线路，由于大气变化（如雷电活动），会产生感应电荷；还有一些停电检修的电气线路和电气设备，由于停电后未挂临时接地线，这些线路和设备在大气变化时也会产生感应电压。人体触及这些带电设备和线路时，都会发生触电事故，这种触电称为感应电压触电。因此，电气安全工作规程规定：在停电线路上进行检修工作时，遇到危及人身安全的气候变化（如雷雨、闪电），所有作业人员均应撤离工作现场；对于停电后可能产生感应电压的线路和设备，只有先悬挂临时接地线，才能对其进行检修。

(6) 剩余电荷触电　检修人员检修、摇测停电后的并联电容器、电力电缆、电力变压器和大容量电动机等设备时，由于检修、摇测前或摇测后未将这些设备充分放电，以致这些设备的导体上带有一定数量的剩余电荷。此外，并联电容器因其放电电路发生故障未能及时放电，电容器退出运行后又未进行人工放电，电容器的极板上将带有大量电荷。此时检修人员一旦触及上述带有电荷的设备，这些设备将通过人体放电，造成触电事故，这种

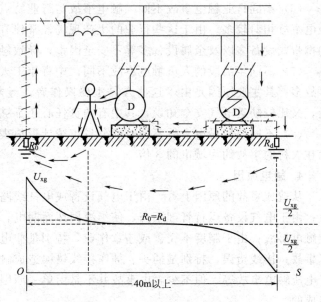

图 2-4　接触电压触电示意图

触电称为剩余电荷触电。为了防止发生这类触电事故，对停电后的并联电容器、电力电缆、电力变压器和大容量电动机等电气设备，在检修前必须进行充分的人工放电才能进行工作。摇测这些设备的绝缘电阻后，必须及时进行充分的人工放电，以确保安全。

3. 触电事故规律

为防止触电事故，应当了解触电事故的规律。根据对触电事故的分析，从触电事故的发生率上看，有以下规律可循。

(1) 触电事故季节性明显　一年之中二、三季度事故较多，而且 6~9 月最集中。其原因一是夏秋季天气炎热、人体衣单而多汗，触电危险性较大；二是夏秋季多雨、潮湿，地面导电性增强，容易构成电击电流的回路，而且电气设备的绝缘电阻降低，容易漏电。

(2) 低压设备触电事故多　低压触电事故多于高压触电事故。由于低压设备多，低压电网广泛，与人接触机会多，比与高压设备接触的人多得多，加上低压设备管理不到位，不按操作规程操作，思想麻痹等，是造成低压设备触电事故多的主要原因。触电事故发生在变压器出口总干线上的少，而发生在分支线上的多，且发生在远离总开关线路部分的更为普遍。

(3) 携带式设备和移动式设备触电事故多　携带式设备和移动式设备触电事故多的主要原因是这些设备是在人的紧握之下运行，不但接触电阻小，而且一旦触电就难以摆脱电源；另一方面，这些设备需要经常移动，工作条件相对较差，设备和电源线都容易发生故障或损坏。此外，单相携带式设备的保护零线与工作零线容易搞错，也会造成触电事故。

(4) 电气连接部位触电事故多　大量触电事故的统计资料表明，很多触电事故发生在接线端子、缠接接头、压接接头、焊接接头、电缆头、灯座、插销、插座、控制开关、接触器、熔断器等分支线、接户线处。主要是由于这些连接部位机械牢固性较差、接触电阻较大、绝缘强度较低以及可能发生化学反应的缘故，导致触电事故多。

(5) 错误操作和违章作业造成的触电事故多　大量触电事故的统计资料表明，有 85% 以上的事故是由于操作错误以及违章作业造成的。其主要原因是由于安全教育不够、安全制度执行不力、管理不严、安全措施不到位和操作者素质不高等，导致触电事故多。

(6) 不同行业触电事故不同　触电事故与行业特点有关，冶金、矿业、建筑、机械行业触电事故相对较多。由于这些行业的生产现场经常伴有潮湿、高温、现场混乱、移动式设备和携带式设备多以及金属设备多等不安全因素，导致触电事故多。

(7) 不同年龄段的人员触电事故不同　中青年工人、非专业电工、合同工和临时工触电事故多。其主要原因是由于这些人是主要操作者，经常接触电气设备，而且这些人经验不足，又比较缺乏电气安全知识，其中有的责任心还不够强，导致触电事故多。

(8) 不同地域触电事故不同　部分省市统计资料表明，农村触电事故明显多于城市，发生在农村的事故约为城市的 3 倍。

4. 触电原因

从造成事故的原因上看，由于电气设备或电气线路安装不符合要求，会直接造成触电事故；由于电气设备运行管理不当，使绝缘损坏而漏电，又没有切实有效的安全措施，也会造成触电事故；由于制度不完善或违章作业，特别是非电工擅自处理电气事务，很容易造成电气事故；接线错误，特别是插头、插座接线错误造成触电事故；高压线断落地面可能造成跨步电压触电事故等。但不少触电事故并不是由单一原因造成的，而是由两个以上的原因共同造成的。

① 缺乏电气安全知识，例如带电拉高压隔离开关、用手触摸破的胶盖刀闸、儿童玩弄带电导线等。

② 违反操作规程，例如在高低压共杆架设的线路电杆上检修低压线、剪修高压线附近树木而接触高压线；在高压线附近施工，或运输大型货物，施工工具和货物碰击高压线；带电接临时明线及临时电源，火线误接在电动工具外壳上，用湿手拧灯泡，带式照明灯使用的电压不符合安全电压等。

③ 使用不合格电气设备，例如闸刀开关或磁力启动器缺少护壳而触电，电气设备漏电，电炉的热元件没有隐蔽，电气设备外壳没有接地而带电，配电盘设计和制造上的缺陷；配电盘前后带电部分易于触及人体，电线或电缆因绝缘磨损或腐蚀而损坏，在带电情况下拆装电缆等。

④ 维修、管理不善，例如大风刮断的低压线路未能及时修理，胶盖开关破损长期不修，瓷瓶破裂后火线与拉线长期相碰等。

⑤ 偶然因素，如大风刮断的电线恰巧落在人体上等。

从以上触电原因分析中可以看出，除了偶然因素外，其他的都是可以避免的。

三、触电救治

一旦发生人身触电，必须立即进行原地急救。据统计，在相同情况下，触电后 1min 就开始急救者，一般有 90% 获得良好的效果；6min 开始急救者，只有 10% 获得良好的效果，而触电后 12min 开始急救者，其救活的可能性很小。

人体触电后，往往出现神经麻痹、心跳停止、呼吸中断、昏迷不醒等死亡现象，应迅速进行正确的急救。

1. 迅速解脱电源

发生触电事故时，切不可惊慌失措，束手无策，首先要马上切断电源，使病人脱离电流损害的状态，这是能否抢救成功的首要因素，因为当触电事故发生时，电流会持续不断地通过触电者，触电时间越长，对人体损害越严重。为了保护病人必须马上切断电源。其次，当病人触电时，身上有电流通过，已成为一带电体，对救护者是一个严重威胁，如不注意安全，同样会使抢救者触电。所以，必须先使病人脱离电源后，方可抢救。

在低压电气设备上触电时，可以采用下列方法使触电者脱离电源。

① 出事附近有电源开关和电源插头时，可立即将闸刀打开，将插头拔掉，以切断电源。

② 当有电的电线触及人体引起触电时，不能采用其他方法脱离电源时，可用绝缘的物体（如木棒、竹竿、手套等）将电线移掉，使病人脱离电源。

③ 必要时可用绝缘工具（如带有绝缘柄的电工钳、木柄斧头以及锄头等）切断电源。

在高压电气设备上触电时，可以采用下列方法使触电者脱离电源。

① 立即通知有关部门停电。

② 带上绝缘手套，穿上绝缘靴，用相应电压等级的绝缘工具拉开开关。

③ 抛掷裸金属线使线路短路接地，迫使保护装置动作，断开电源。注意抛掷裸金属线前，先将金属线的一端可靠接地，然后抛掷另一端，注意抛掷的一端不可触及触电者和其他人。

总之，在现场可因地制宜，灵活运用各种方法，快速切断电源。需要注意：一是脱离电源后，人体的肌肉不再受到电流的刺激，会立即放松，病人可自行摔倒，容易造成新的外伤，特别在高空时更是危险，所以脱离电源需有相应的措施配合，避免此类情况发生，加重病情；二是解脱电源时要注意安全，绝不可再误伤他人，将事故扩大。

2. 简单诊断

解脱电源后，病人往往处于昏迷状态，情况不明，故应尽快对心跳和呼吸的情况作一判断，看看是否处于"假死"状态，因为只有明确的诊断，才能及时正确地进行急救。处于"假死"状态的病人，因全身各组织处于严重缺氧的状态，情况十分危险，故不能用一套完整的常规方法进行系统检查。只能用一些简单有效的方法，以达到简单诊断的目的。

具体方法如下：将脱离电源后的病人迅速移至通风、干燥的地方，使其仰卧，将上衣与裤带放松。

① 观察一下有否呼吸存在，当有呼吸时，可看到胸廓和腹部的肌肉随呼吸上下运动。用手放在鼻孔处，呼吸时可感到气体的流动。相反，无上述现象，则往往是呼吸已停止。

② 摸一摸颈部的动脉和腹股沟处的股动脉有没有搏动，因为当有心跳时，一定有脉搏。颈动脉和股动脉都是大动脉，位置浅，所以很容易感觉到它们的搏动，因此常常作为是否有心跳的依据。另外，也可听一听是否有心声，有心声则有心跳。

③ 看一看瞳孔是否扩大。人的瞳孔是一个由大脑控制自动调节的光圈，当大脑细胞正常时，瞳孔的大小会随着外界光线的变化自行调节，使进入眼内的光线强度适中，便于观看。当处于"假死"状态时，大脑细胞严重缺氧，处于死亡的边缘，所以整个自动调节系统的中枢失去了作用，瞳孔也就自行扩大，对光线的强弱再也起不到调节作用，所以瞳孔扩大说明大脑组织细胞严重缺氧，人体处于"假死"状态。通过以上简单的检查，即可判断病人是否处于"假死"状态，并依据"假死"的分类标准，判断其属于"假死"的类型。这样在抢救时便可有的放矢，对症治疗。

3. 处理方法

经过简单诊断后的病人，一般可按下述情况分别处理。

① 病人神志清醒，但感乏力、头昏、心悸、出冷汗，甚至恶心或呕吐。此类病人应就地安静休息，减轻心脏负担，加快恢复；情况严重时，小心送往医疗部门，请医护人员检查治疗。

② 病人呼吸、心跳尚在，但神志昏迷。此时应将病人仰卧，周围的空气要流通，并注

意保暖。除了要严密地观察外，还要做好人工呼吸和心脏挤压的准备工作，并立即通知医疗部门或用担架将病人送往医院。在去医院的途中，要注意观察病人是否突然出现"假死"现象，如有假死，应立即抢救。

③ 如经检查后，病人处于"假死"状态，则应立即针对不同类型的"假死"进行对症处理。心跳停止的，则用体外人工心脏挤压法来维持血液循环；如呼吸停止，则用口对口的人工呼吸法来维持气体交换。呼吸、心跳全部停止时，则需同时进行体外心脏挤压法和口对口人工呼吸法，同时向医院告急求救。在抢救过程中，任何时刻抢救工作不能中止，即便在送往医院的途中，也必须继续进行抢救，一定要边救边送，直到心跳、呼吸恢复。

(1) 口对口人工呼吸法　人工呼吸的目的，是用人工的方法来代替肺的呼吸活动，使气体有节律地进入和排出肺部，供给体内足够的氧气，充分排出二氧化碳，维持正常的通气功能。人工呼吸的方法有很多，目前认为口对口人工呼吸法效果最好。口对口人工呼吸法的操作方法如下。

① 将病人仰卧，解开衣领，松开紧身衣着，放松裤带，以免影响呼吸时胸廓的自然扩张。然后将病人的头偏向一边，张开其嘴，用手指清除口内中的假牙、血块和呕吐物，使呼吸道畅通。

② 抢救者在病人的一边，以靠近其头部的一手紧捏病人的鼻子（避免漏气），并将手掌外缘压住其额部，另一只手托在病人的颈后，将颈部上抬，使其头部充分后仰，以解除舌下坠所致的呼吸道梗阻。

③ 急救者先深吸一口气，然后用嘴紧贴病人的嘴大口吹气，同时观察胸部是否隆起，以确定吹气是否有效和适度。

④ 吹气停止后，急救者头稍侧转，并立即放松捏紧鼻孔的手，让气体从病人的肺部排出，此时应注意胸部复原的情况，倾听呼气声，观察有无呼吸道梗阻。

⑤ 如此反复进行，每分钟吹气12次，即每5s吹1次。

注意事项如下。

① 口对口吹气的压力需掌握好，刚开始时可略大一点，频率稍快一些，经10～20次后可逐步减小压力，维持胸部轻度升起即可。对幼儿吹气时，不能捏紧鼻孔，应让其自然漏气，为了防止压力过高，急救者仅用颊部力量即可。

② 吹气时间宜短，约占一次呼吸周期的1/3，但也不能过短，否则影响通气效果。

③ 如遇到牙关紧闭者，可采用口对鼻吹气，方法与口对口基本相同。此时可将病人嘴唇紧闭，急救者对准鼻孔吹气，吹气时压力应稍大，时间也应稍长，以利气体进入肺内。

(2) 体外心脏挤压法　体外心脏挤压是指有节律地以手对心脏挤压，用人工的方法代替心脏的自然收缩，从而达到维持血液循环的目的，此法简单易学，效果好，不需设备，易于普及推广。操作方法如下。

① 使病人仰卧于硬板上或地上，以保证挤压效果。

② 抢救者跪跨在病人的腰部。

③ 抢救者以一手掌根部按于病人胸下1/2处，即中指指尖对准其胸部凹陷的下缘，当胸一手掌，另一手压在该手的手背上，肘关节伸直。依靠体重和臂、肩部肌肉的力量，垂直用力，向脊柱方向压迫胸骨下段，使胸骨下段与其相连的肋骨下陷3～4cm，间接压迫心脏，使心脏内血液搏出。

④ 挤压后突然放松（要注意掌根不能离开胸壁），依靠胸廓的弹性使胸复位，此时，心

脏舒张,大静脉的血液回流到心脏。

⑤ 按照上述步骤连续操作,每分钟需进行 60 次,即每秒 1 次。

注意事项如下。

① 挤压时位置要正确,一定要在胸骨下 1/2 处的压区内,接触胸骨应只限于手掌根部,手指上翘,不得接触胸骨。

② 用力一定要垂直,并要有节奏,有冲击性。

③ 对小儿只能用一个手掌根部即可。

④ 挤压的时间与放松的时间应大致相同。

⑤ 为提高效果,应增加挤压频率,最好能达每分钟 100 次。

⑥ 有时病人心跳、呼吸全停止,而急救者只有一人时,也必须同时进行心脏挤压及口对口人工呼吸。此时可先吹两次气,立即进行挤压五次,然后再吹两口气,再挤压,反复交替进行,不能停止。

第二节 绝缘、屏蔽、安全间距防护

一、绝缘防护

所谓绝缘,就是用不导电的材料将带电体隔离或包裹起来,以对触电起保护作用的一种安全措施。良好的绝缘是保证电气设备与线路安全运行、防止人身触电事故发生的最基本和最可靠的手段。

绝缘通常可分为气体绝缘、液体绝缘和固体绝缘三类。在实际应用中,固体绝缘是被广泛使用,且较为可靠的一种绝缘物质。

1. 绝缘材料的电气性能

绝缘材料的电气性能主要表现在电场作用下材料的导电性能、介电性能及绝缘强度,它们分别以绝缘电阻率 ρ(或电导 γ)、相对介电常数 ε、介质损耗角 $\tan\delta$ 及击穿强度 E_B 四个参数来表示。

(1) 绝缘电阻率　任何电介质都不可能是绝对的绝缘体,总存在一些带电质点,主要为本征离子和杂质离子。在电场的作用下,它们可作有方向的运动,形成漏导电流,通常又称为泄漏电流。

绝缘材料在电路中正常工作即稳态时,漏导电流决定了绝缘材料的导电性,因此,漏导支路的电阻越大,说明材料的绝缘性能越好。温度、湿度、杂质含量、电磁场强度的增加都会降低电介质材料的电阻率。

(2) 介电常数　介电常数是表征电介质极化特征的性能参数,又称相对电容率,是在同一电容器中用某一物质作为电介质时的电容与其中为真空时电容的比值。介电常数愈大,电介质极化能力愈强,产生的束缚电荷就愈多。束缚电荷也产生电场,且该电场总是削弱外电场。因此,处在电介质中的带电体周围的电场强度,总是低于同样带电体在真空中的电场强度。

绝缘材料的介电常数受电源频率、温度、湿度等因素而产生变化。频率增加,介电常数减小。温度增加,介电常数增大;但当温度超过某一限度后,由于热运动加剧,极化反而困难一些,介电常数减小。湿度增加,电介质的介电常数明显增加,因此,通过测量介电常数,能够判断电介质受潮程度。大气压力对气体材料的介电常数有明显影响,压力增大,密度就增大，相对介电常数增大。

（3）介质损耗　在交流电压作用下，电介质中的部分电能不可逆地转变成热能，这部分能量叫做介质损耗。单位时间内消耗的能量叫做介质损耗功率。介质损耗使电介质发热，是电介质热击穿的根源。影响绝缘材料介质损耗的因素主要有频率、温度、湿度、电场强度和辐射。影响过程比较复杂，从总的趋势来说，随着上述因素的增强，介质损耗增加。

2. 绝缘的破坏

（1）绝缘击穿　绝缘材料所具备的绝缘性能一般是指其承受电压在一定范围内所具备的性能。当承受的电压超出了相应的范围时，就会出现击穿现象。电介质击穿是指电介质在强电场作用下遭到急剧破坏，丧失绝缘性能的现象。击穿电压是指使电介质产生击穿的最小电压。击穿强度是指使电介质产生击穿的最小电场强度。

对于电介质通常用平均击穿强度表示：

$$E_B = U_B/d (\text{kV/cm})$$

式中，U_B 为击穿电压；d 为击穿处绝缘厚度。

① 气体电介质的击穿。气体电介质的击穿是由碰撞电离导致的电击穿。在强电场中，带电质点在电场中获得足够的动能，当它与气体分子发生碰撞时，能够使中性分子电离为正离子和电子。新形成的电子又在电场中积累能量而碰撞其他分子，使其电离，这就是碰撞电离。碰撞电离过程是一个连锁反应过程，每一个电子碰撞产生一系列新电子，因而形成电子崩。电子崩向阳极发展，最后形成一条具有高电导的通道，导致气体电介质击穿。

② 液体电介质的击穿。液体电介质的击穿特性与其纯净度有关，一般认为纯净液体的击穿与气体的击穿机理相似，是由电子碰撞电离最后导致击穿。但液体的密度大，电子自由行程短，积聚能量小，因此击穿场强比气体高。

工程上液体绝缘材料不可避免地含有气体、液体和固体杂质。在强电场的作用下定向排列，运动到电场强度最高处连成小桥，小桥贯穿两电极间引起电导剧增，局部温度骤升，最后导致击穿。为了保证绝缘质量，在液体绝缘材料使用之前，必须对其进行纯化、脱水、脱气处理；在使用过程中应避免这些杂质的侵入。液体电介质击穿后，绝缘性能在一定程度上可以得到恢复。

③ 固体电介质的击穿。固体电介质的击穿有电击穿、热击穿、电化学击穿、放电击穿等形式。绝缘结构发生击穿，往往是电、热、放电、电化学等多种形式同时存在，很难截然分开。一般来说，采用 $\tan\delta$ 值大、耐热性差的电介质的低压电气设备，在工作温度高、散热条件差时，热击穿较为多见。而在高压电气设备中，放电击穿的概率就大些。脉冲电压下的击穿一般属于电击穿。当电压作用时间达数十小时乃至数年时，大多数属于电化学击穿。

（2）老化　电气设备在运行过程中，其绝缘材料由于受热、电、光、氧、机械力、辐射线、微生物等因素的长期作用，产生一系列不可逆的物理变化和化学变化，导致绝缘材料的电气性能和力学性能的老化。绝缘老化过程很复杂，可分为热老化和电老化。

① 热老化。一般在低压电气设备中，促使绝缘材料老化的主要因素是热。其热源可能是内部的也可能是外部的。每种绝缘材料都有其极限耐热温度，当超过这一极限温度时，其老化将加剧，电气设备的寿命就缩短。

② 电老化。它主要是由局部放电引起的。在高压电气设备中，促使绝缘材料老化的主要原因是局部放电。局部放电时产生的臭氧、氮氧化物、高速粒子都会降低绝缘材料的性能，局部放电还会使材料局部发热，促使材料性能恶化。

(3) 绝缘损坏　绝缘损坏是指由于不正确选用绝缘材料，不正确地进行电气设备及线路的安装，不合理地使用电气设备等，导致绝缘材料受到外界腐蚀性液体、气体、蒸气、潮气、粉尘的污染和侵蚀，或受到外界热源、机械因素的作用，在较短或很短的时间内失去其电气性能或力学性能的现象。

为了避免绝缘遭受破坏，保证电气设备安全运行和防止人体触电，应尽量做到以下几点。
① 避开有腐蚀性物质和外界高温的场所。
② 正确使用和安装电气设备和线路，过流保护装置和过热保护装置完好。
③ 严禁乱拉乱扯，防止机械性损伤绝缘物。
④ 应采取防止小动物损伤绝缘的措施。

3. 电气设备的基本绝缘、附加绝缘、双重绝缘和加强绝缘

(1) 工作绝缘　工作绝缘又称基本绝缘，是保证电气设备正常工作和防止触电的基本绝缘，位于带电体与不可触及金属件之间。适用范围如下。
① 介于具有危险电压零件及接地的导电零件之间。
② 介于具有危险电压及安全特低电压电路之间。
③ 介于一次侧的电源导体及接地屏蔽物或主电源变压器的铁芯之间。
④ 作为双重绝缘的一部分。

(2) 附加绝缘　附加绝缘又称保护绝缘，是在工作绝缘因机械破损或击穿等而失效的情况下，可防止触电的独立绝缘，位于不可触及金属件与可触及金属件之间。适用范围如下。
① 一般而言，介于可触及的导体零件及在基本绝缘损坏后有可能带有危险电压的零件之间。
② 作为双重绝缘的一部分。

(3) 双重绝缘　具有双重绝缘结构的电气设备，不需采取保护接地或其他特殊的安全措施，就具备一定的预防间接接触触电的功能，相当于基本绝缘加附加绝缘。适用范围如下。
① 普通电气设备不足以保证安全的场所，则可采用双重绝缘结构的电气设备。
② 使用地点不固定手持电动工具和移动式电气设备。
③ 特别潮湿或有腐蚀性介质的场所。
④ 通信网络电压电路。
⑤ 某些家用电器或器械的外壳和手柄。

(4) 加强绝缘　加强绝缘是基本绝缘经改进后，在绝缘强度和力学性能上具备了与双重绝缘同等防触电能力的单一绝缘，在构成上可以包含一层或多层绝缘材料。

电气设备和电气装置电击防护措施见表 2-1。其中，设备部分包括基本防护和附加防护，而装置部分只有附加防护。

表 2-1　电气设备和电气装置电击防护措施

设备类别	防护措施		装置部分
	设备部分		
	基本防护		附加防护
0	基本绝缘	—	非导电场所 每台设备电气隔离
I	基本绝缘	保护连接	自动切断电源
II	基本绝缘	附加绝缘	—

二、外壳防护及选择

1. 电气设备触电防护分类

按照触电防护方式,电气设备分为0~Ⅲ共5类。

(1) 0类设备 0类设备是指靠基本绝缘作为触电防护的设备,一旦基本绝缘失效,设备的安全性能完全取决于周围环境。这类设备要求在"绝缘良好"的环境中使用。比如木质地板、木质墙壁、周围环境干燥的场所等。这种对使用环境要求非常严格的设备,使用的局限性很大。由于0类设备的触电防护条件较差,在一些工业发达国家已逐渐禁止生产这类设备。

(2) Ⅰ类设备 Ⅰ类设备是指设备的防触电防护不仅靠基本绝缘,还需将能触及的可导电部分与设备固定布线中的保护(接地)线相连接,也就是说Ⅰ类设备需要采用保护接地或保护接零的设备。这样,一旦基本绝缘失效,由于能触及的可导电部分已与地线连接,因而使用人员的安全有了保证,这类设备在我国占大多数。

(3) Ⅱ类设备 Ⅱ类设备是指设备的防触电防护不仅靠基本绝缘,还另有附加绝缘等安全措施。一旦基本绝缘失效,附加绝缘可保证使用者的安全。若是加强绝缘,本身则相当于基本绝缘加附加绝缘的水平。

(4) Ⅲ类设备 Ⅲ类设备靠安全特低电压(SELV)供电。这类设备内部出现的电压也不能高于安全特低电压。Ⅲ类设备是从电源方面就保证了安全。

(5) 0Ⅰ类设备 0Ⅰ类设备是指任何部件至少都是基本绝缘并装有接地端子的设备。其电源软线不带接地导线,插头没有接地插脚,不能插入有接地插孔的电源插座。目前国内还存在这类家用电器(其他电器中没有0Ⅰ类)。这类设备实际上是按Ⅰ类设计的,只是Ⅰ类电器电源线与保护(接地)线固定在一起,且同用一个插头,插入插座后保护(接地)线即可接地,而0Ⅰ类的电源线没有保护接地导线,另设保护接地端子,或保护接地端子上连接的保护接地线不能直接同电源线一起插入带有接地插孔的电源插座上去与保护接地线接通。这类电器若不接通保护接地线,则按0类对待,若接通保护接地线,则按Ⅰ类对待。如电水壶、电动剃须刀、电推剪及类似器具、家用电冰箱和食品冷冻箱、电烤箱、面包烘烤器、皮肤及毛发护理器具、电熨斗等。

手持电动工具没有0类和0Ⅰ类产品,市售产品基本上都是Ⅱ类设备。移动式电气设备大部分是Ⅰ类产品。

移动式电动工具的电源引线长度一般不应超过3米,其中黄绿双色线应作为保护接地线使用。长期搁置不用的手持电动工具,使用前必须测量绝缘电阻,要求Ⅰ类手持电动工具,带电零件与外壳之间绝缘电阻不低于0.5MΩ。

2. 电气设备外壳防护及选择

(1) 电气设备外壳防护 低压电器的外壳防护包括两种:第一种是对固体异物进入内部以及对人体触及内部带电部分或运动部分的防护;第二种是对水进入内部的防护。外壳防护等级标志的第一位数字表示第一种防护型式的等级;第二位数字表示第二种防护型式的等级。仅考虑一种防护时,另一位数字用"×"代替。如无需特别说明,附加字母可以省略。例如,IP54为防尘、防溅型电气设备,IP65为尘密、防喷水型电气设备。IP代码的组成及含义见表2-2。

(2) 电气设备外壳防护的选择 电气设备外壳防护型式的选择,总的原则是应与安装的场所相适应,根据IP代码的组成及含义的内容,在选择电气设备外壳防护型式时,其防护等级应不低于表2-2规定的要求。表2-3是某工业企业电气设备外壳防护等级的最低要求。

第二章 触电事故及安全防范技术

表 2-2 IP 代码的组成及含义

第一位特征数字	简要说明	防护等级 含义
0	无防护	没有专门防护
1	防止直径大于 50mm 固体异物进入	能够防止直径大于 50mm 固体异物进入壳内 能防止人体的某一面积(如手)偶然或意外地触及壳内带电部分或运动部件,不能防止有意识的接近
2	防止直径大于 12mm 固体异物进入	能防止直径大于 12mm 长度不大于 80mm 的固体异物进入壳内 能防止手指触及壳内带电部分或运动部件
3	防止直径大于 2.5mm 固体异物进入	能防止直径大于 2.5mm 的固体异物进入壳内 能防止厚度(或直径)大于 2.5mm 的工具、金属线触及壳内带电部分或运动部件
4	防止直径大于 1mm 固体异物进入	能防止直径大于 1mm 固体异物进入壳内 能防止厚度(或直径)大于 1mm 的工具、金属线触及壳内带电部分或运动部件
5	防尘	不能完全防止尘埃进入,但进入量不能达到妨碍设备正常运行的程度
6	尘密	无尘埃进入
第二位特征数字	简要说明	防护等级 含义
0	无防护	没有专门防护
1	防滴	滴水(垂直水滴)无有害影响
2	15°防滴	当外壳从正常位置倾斜在 15°以内时,垂直水滴无有害影响
3	防淋水	与垂直成 60°范围内的淋水无有害影响
4	防溅水	任何方向溅水无有害影响
5	防喷水	任何方向喷水无有害影响
6	防猛烈海浪	猛烈海浪或强烈喷水时,进入外壳水量不致达到有害程度
7	防浸水影响	浸入规定压力的水中经规定时间后进入外壳水量不致达到有害程度
8	防潜水影响	能按制造厂规定的条件长期潜水

表 2-3 电气设备外壳防护等级的最低要求

处所	环境条件	防护等级	配电板、控制设备、电机启动器	电动机	电热器具	电炊设备	附具(如开关、接线盒)
干燥的居住处所	只有触及带电部分的危险	IP20	×	×	×	×	×
干燥控制室			×	×	×	×	×
控制室	滴水或中等机械损伤危险	IP22	×	×	×	×	×
操作室			×	×	×	×	IP44
冷藏室			×	×	×	×	IP44
浴室	较大的水或机械损伤危险	IP34	—	—	IP44	—	IP55
操作室			—	IP44	IP44	—	IP55
燃油分离器室			IP44	IP44	IP44	—	IP55
水泵房	较大的水或机械损伤危险	IP44	×	—	—	—	IP55
冷库			×	—	—	—	IP55
水下	潜水	IP68	—	—	—	—	—

三、屏障防护与安全标识

1. 屏障防护

屏障防护是最为常用的电气安全措施之一。从防止电击的角度而言,屏障防护属于防止直接接触的安全措施。此外,屏障防护还是防止短路、故障接地等电气事故的安全措施之一。

(1) 屏障防护的概念、种类及其应用　屏障防护是指采用遮栏、护罩、护盖、箱匣等装置,把危险的带电体同外界隔离开来的安全防护措施。

屏障防护装置按使用要求,可分为永久性屏障防护装置和临时性屏障防护装置,例如配电装置的遮栏、开关的罩盖等属于永久性屏障防护装置;检修工作中使用的临时屏障防护装置和临时设备的屏障防护装置等都属临时性屏障防护装置。屏障防护装置按使用对象分为固定屏障防护装置和移动屏障防护装置,如母线的护网就属于固定屏障防护装置;而跟随天车移动的天车滑线屏障防护装置就属于移动屏障防护装置。

屏障防护的特点是屏障防护装置不直接与带电体接触,因此对所用材料的电气性能无严格要求,但应有足够的机械强度和良好的耐火性能,使用时应满足以下要求。

① 用金属材料制成的屏障防护装置,为了防止其意外带电造成触电事故,应将屏障防护装置接地或接零。

② 屏障防护一般不宜随便打开、拆卸或挪移,必要时还应安装联锁装置。

③ 屏障防护装置上根据被屏护对象挂上"止步"、"禁止攀登,高压危险!"、"当心触电"等警告牌;带电部分应有明显的标志,标明规定的符号或涂上规定的颜色,以及装设遮栏、栅栏等。

(2) 屏障防护的应用　屏障防护装置用于工矿企业、变电所等部门,其电气设备不便于绝缘或绝缘不足以保证安全的场合。主要有以下场合需要屏障防护:

① 开关电器的可动部分:闸刀开关的胶盖、铁壳开关的铁壳等。

② 人体可能接近或触及的裸线、行车滑线、母线等。

③ 高压设备,无论其是否有绝缘。

④ 安装在人体可能接近或触及场所的变配电装置。

⑤ 在带电体附近作业时,作业人员与带电体之间、过道、入口等处应装设可移动临时性屏障防护装置。

2. 安全标识

(1) 安全色　安全色是表达安全信息含义的颜色,表示禁止、警告、指令、提示等。国家规定的安全色有红、蓝、黄、绿四种颜色。

在使用安全色时,为了提高安全色的辨认率,使其更明显醒目,常采用其他颜色作为背景,即对比色。国家规定的对比色是红-白、黄-黑、蓝-白、绿-白。

① 红色——一般用来标志禁止和停止。如信号灯、紧急按钮均用红色,分别表示"禁止通行"、"禁止触动"等禁止的信息。

② 黄色——一般用来标志注意、警告、危险。如"当心触电"、"注意安全"等。

③ 蓝色——一般用来标志强制执行和命令。如"必须戴安全帽"、"必须验电"等。

④ 绿色——一般用来标志安全无事。如"在此工作"、"在此攀登"等。

⑤ 黑色——一般用来标注文字、符号和警示标志的图形等。

⑥ 白色——一般用于安全标志红、蓝、绿色的背景色,也可用于安全标志的文字和图

形符号。

⑦ 黄色与黑色间隔条纹——一般用来标志警告、危险。如防护栏杆。

⑧ 红色与白色间隔条纹——一般用来标志禁止通过、禁止穿越等。

在电气上用黄、绿、红三色分别代表 L1、L2、L3 三个相序；线路上淡蓝色代表工作零线（或中线）N，用黄绿双色绝缘导线代表保护零线；涂成红色的电器外壳表示其外壳有电；灰色的电器外壳表示其外壳接地或接零；线路上蓝色代表工作零线；明敷接地扁钢或圆钢涂黑色；用黄绿双色绝缘导线代表保护零线；直流电中棕红色代表正极，蓝色代表负极，信号和警告回路用白色。

(2) 安全标志　安全标志是提醒人员注意或按标志上注明的要求去执行，保障人身和设施安全的重要措施。

① 禁止标志：圆形，背景为白色，红色圆边，中间为一红色斜杠，图像用黑色。一般常用的有"禁止烟火"、"禁止启动"等。

② 警告类标志：等边三角形，背景为黄色，边和图案都用黑色。一般常用的有"当心触电"、"注意安全"等。

③ 指令类标志：圆形，背景为蓝色，图案及文字用白色。一般常用的有"必须戴安全帽"、"必须戴护目镜"等。

④ 提示类标志：矩形，背景为绿色，图案及文字用白色。

安全标志应安装在光线充足明显之处；高度应略高于人的视线，使人容易发现；一般不应安装于门窗及可移动的部位，也不宜安装在其他物体容易触及的部位；安全标志不宜在大面积或同一场所使用过多，通常应在白色光源的条件下使用，光线不足的地方应增设照明。安全标志一般用钢板、塑料等材料制成，同时也不应有反光现象。

对于隐蔽工程（如埋地电缆）在地面上要有标志桩或依靠永久性建筑挂标志牌，注明工程位置。

对于容易被人忽视的电气部位，如封闭的架线槽、设备上的电气盒，要用红漆画上电气箭头。

另外在电气工作中还常用标志牌，以提醒工作人员不得接近带电部分、不得随意改变刀闸的位置等。

移动使用的标志牌要用硬质绝缘材料制成，上面有明显标志，均应根据规定使用。

电工常用的标志牌规格尺寸、用途见表 2-4。

表 2-4　常用标志牌式样

序号	名　称	悬　挂　处　所	式　样		
			尺寸/mm	颜　色	字　样
1	禁止合闸,有人工作!	一经合闸即可送电到施工设备的开关和刀开关操作把手上	200×100 80×50	白色	红字
2	禁止合闸,线路有人工作!	线路开关和刀开关把手上	200×100 80×50		白字
3	在此工作!	室内外施工地点或施工设备上	250×250	绿底,中间直径210mm 白圆圈	黑字,写于白圆圈内
4	止步,高压危险!	施工地点靠近带电设备遮栏上；室外工作地点的周围栏上；禁止通行的过道上；高压试验地点；室外构架上；工作地点临近带电设备的横梁上	250×200	白底红边	黑字,有箭头
5	从此上下!	工作人员上下铁架	250×250	绿底,中间直径210mm 白圆圈	黑字
6	已接地!	悬挂在已接地线的隔离开关的把手上	240×130		

四、安全间距

为防止人体触及或过分接近带电体,或防止车辆和其他物体碰撞带电体,以及防止触电、火灾、爆炸、过电压放电及各种短路事故,在人体与带电体之间、带电体与地面之间、带电体与带电体之间、带电体与其他物体和设施之间,都必须保持一定的距离,这种距离称为电气安全距离,简称间距。间距的大小取决于电压的高低、设备的类型、安装的方式和周围环境等因素。

1. 线路间距

(1) 架空线路　架空线路导线在弛度最大时与地面或水面的距离不应小于表2-5所示的距离。

表2-5　导线与地面或水面的最小距离　　　　　　　　　　　　单位:m

线路经过地区	线路电压		
	≤1kV	10kV	35kV
居民区	6	6.5	7
非居民区	5	5.5	6
不能通航或浮运的河、湖(冬季水面)	5	5	—
不能通航或浮运的河、湖(50年一遇的洪水水面)	3	3	—
交通困难地区	4	4.5	5
步行可以达到的山坡	3	4.5	5
步行不能达到的山坡、峭壁或岩石	1	1.5	3

未经相关部门许可的情况下,架空线路不得跨越建筑物,架空线路与有爆炸、火灾危险的厂房之间应保持必要的防火距离,且不应跨越具有可燃材料层无顶的建筑物。导线与建筑物、树木及架空线路与工业设施的最小距离见表2-6～表2-8。

表2-6　导线与建筑物的最小距离

线路电压/kV	≤1	10	35
垂直距离/m	2.5	3.0	4
水平距离/m	1	1.5	3

表2-7　导线与树木的最小距离

线路电压/kV	≤1	10	35
垂直距离/m	1	1.5	3
水平距离/m	1	2	—

同杆架设时,电力线路应位于弱电线路的上方,高压线路应位于低压线路的上方。横担之间的最小距离见表2-9。

(2) 户内线路　户内低压线路有多种敷设方式,间距要求各不相同。户内低压线路与工业管道和工艺设备之间的最小距离见表2-10。

(3) 电缆线路　直埋电缆埋设深度不应小于0.7m,并应位于冻土层之下。直埋电缆与工艺设备的最小距离见表2-11。当电缆与热力管道接近时,电缆周围土壤温升不应超过10℃,超过时,需进行隔热处理。表2-11中的最小距离对采用穿管保护时,应从保护管的外壁算起。

2. 用电设备间距

明装的车间低压配电箱底口的高度可取1.2m,暗装的可取1.4m,明装电能表板底距地面的高度可取1.8m。

表 2-8 架空线路与工业设施的最小距离　　　单位：m

项目				≤1kV	10kV	35kV
铁路	标准轨距	垂直距离	至钢轨顶面至承力索接触线	7.5	7.5	7.5
				3	3	3
		水平距离	电杆外缘至轨道中心 交叉	5	5	5
			平行	杆加高 3.0		
	窄轨	垂直距离	至钢轨顶面至承力索接触线	6	6	7.5
				3	3	3
		水平距离	电杆外缘至轨道中心 交叉	5		
			平行	杆加高 3.0		
道路		垂直距离		6	7	7
		水平距离（电杆至道路边缘）		0.5	0.5	0.5
通航河流		垂直距离	至 50 年一遇的洪水位	6	6	6
			至最高航行水位的最高桅顶	1	1.5	2
		水平距离	边导线至河岸上缘	最高杆（塔）高		
弱电线路		垂直距离		6	7	7
		水平距离（两线路边导线间）		0.5	0.5	0.5
电力线路	≤1kV	垂直距离		1	2	3
		水平距离（两线路边导线间）		2.5	2.5	5
	10kV	垂直距离		2	2	3
		水平距离（两线路边导线间）		2.5	2.5	5
	35kV	垂直距离		3	2	3
		水平距离（两线路边导线间）		5	5	5
特殊管道		垂直距离	电力线路在上方	1.5	3	3
			电力线路在下方	1.5	—	—
		水平距离（边导线至管道）		1.5	2	4

表 2-9 同杆线路横担之间的最小距离　　　单位：m

项目	直线杆	分支杆和转角杆	项目	直线杆	分支杆和转角杆
10kV 与 10kV	0.8	0.45/0.6	10kV 与通信电缆	2.5	—
10kV 与低压	1.2	1	低压与通信电缆	1.5	—
低压与低压	0.6	0.3			

常用开关电器的安装高度为 1.3~1.5m，开关手柄与建筑物之间保留 150mm 的距离，以便于操作。墙用平开关，离地面高度可取 1.4m。明装插座离地面高度可取 1.3~1.8m，暗装的可取 0.2~0.3m。

户内灯具高度应大于 2.5m，受实际条件约束达不到时，可减为 2.2m，低于 2.2m 时，应采取适当安全措施。当灯具位于桌面上方等人碰不到的地方时，高度可减为 1.5m。户外灯具高度应大于 3m；安装在墙上时可减为 2.5m。

表 2-10　户内低压线路与工业管道和工艺设备之间的最小距离　　单位：mm

布线方式		穿金属管导线	电缆	明设绝缘导线	裸导线	起重机滑触线	配电设备
煤气管	平行	100	500	1000	1000	1500	1500
	交叉	100	300	300	500	500	—
乙炔管	平行	100	1000	1000	2000	3000	3000
	交叉	100	500	500	500	500	—
氧气管	平行	100	500	500	1000	1500	1500
	交叉	100	300	300	500	500	—
蒸气管	平行	1000(500)	1000(500)	1000(300)	1000	1000	500
	交叉	300	300	300	500	500	—
暖热水管	平行	300(200)	500	300(200)	1000	1000	100
	交叉	100	100	100	500	500	—
通风管	平行	—	200	200	1000	1000	100
	交叉	—	100	100	500	500	—
上下水管	平行	—	200	200	1000	1000	100
	交叉	—	100	100	500	500	—
压缩空气管	平行	—	200	200	1000	1000	100
	交叉	—	100	100	500	500	—
工艺设备	平行	—	—	—	1500	1500	100
	交叉	—	—	—	1500	1500	—

表 2-11　直埋电缆与工艺设备的最小距离　　单位：m

敷设条件	平行敷设	交叉敷设
与电杆或建筑物地下基础之间,控制电缆与控制电缆之间	0.6	—
10kV 以下的电力电缆之间或控制电缆之间	1	0.5
10~35kV 的电力电缆之间或其他电缆之间	0.25	0.5
不同部门的电缆(包括通信电缆)之间	0.5	0.5
与热力管沟之间	2	0.5
与可燃气体、可燃液体管道之间	1	0.5
与水管、压缩空气管道之间	0.5	0.5
与道路之间	1.5	1
与普通铁路路轨之间	3	1
与直流电气化铁路路轨之间	10	—

起重机具至线路导线间的最小距离,1kV 及 1kV 以下者不应小于 1.5m,10kV 者不应小于 2m。

3. 检修间距

低压操作时,人体及其所携带工具与带电体之间的距离不得小于 0.1m。

高压作业时,各种作业类别所要求的最小距离见表 2-12。

表 2-12　高压作业的最小距离　　　　　　　　　单位：m

类　别	电　压　等　级	
	10kV	35kV
无遮栏作业,人体及其所携带工具与带电体之间	0.7	1
无遮栏作业,人体及其所携带工具与带电体之间,用绝缘杆操作	0.4	0.6
线路作业,人体及其所携带工具与带电体之间	1	2.5
带电水冲洗,小型喷嘴与带电体之间	0.4	0.6
喷灯或气焊火焰与带电体之间	1.5	3

第三节　保护接地与保护接零

正常运行的电气设备的外壳是不带电的,但是当电气设备受潮或异常时,金属外壳可能会变成带电体。为了防止触电事故的发生,保护接地与保护接零是主要的保护措施之一,它将直接关系到能否保证人身、设备的安全。因此,正确选择接地、接零方式,正确安装接地、接零装置是非常重要的。

一、保护接地

1. 接地的概念

"地"通常指大地,因大地内含有大量水分、盐类等物质,所以它是能传导电流的。当一根带电的导体与大地接触时,便会形成以接触点为球心的半球形"地电场"。此时,接地电流便经导体由接地点流入大地内,并向四周呈半球形流散。在大地中,因球面积与半径的平方成正比,故离接地点越远,电阻越小。通常可认为在远离接地点 20m 以外时,电位为零,也就是电气上所指的"地"。

凡是电气设备或设施的任何部位,不论带电与不带电,人为地或自然地与具有零电位的大地相接通的方式,便称为电气接地,简称接地。

按照接地的形成情况,可以将其分为正常接地和故障接地两大类,前者是为了某种需要而人为地设置的,后者则是由各种外界或自身因素自然造成的。正常接地包括强电系统的中性点接地、直流或弱电系统的接地、防雷接地、保护接地与保护接零、重复接地与共同接地、静电接地与屏蔽接地、电法保护（以外电源阴极保护为主,牺牲阳极保护为辅的电法保护）接地,其中前三项为工作接地,后四项为安全接地。故障接地包括电力线路接地、设备碰壳接地。

由于运行和安全的需要,为保证电力网在正常情况或事故情况下能可靠地工作而将电气回路中某一点实行的接地,称为工作接地。工作接地通常有以下几种情况。

① 利用大地作回路的接地。正常情况下有电流通过大地。

② 维持系统安全运行的接地。正常情况下没有电流或只有很小的不平衡电流通过大地。如 110kV 以上系统的中性点接地、低压三相四线制系统的变压器中性点接地等。

③ 为了防止雷击和过电压对设备及人身造成危害而设置的接地。

安全接地主要包括：为防止电力设施或电气设备绝缘损坏,危及人身安全而设置的保护接地；为消除生产过程中产生的静电积累,引起触电或爆炸而设置的静电接地；为防止电磁感应而对设备的金属外壳、屏蔽罩或屏蔽线外皮所进行的屏蔽接地；为了防止管道受电化腐蚀，采用阴极保护或牺牲阳极的方法保护接地等。

2. 电力系统中性点运行方式

电力系统中性点接地方式有两大类：一类是中性点直接接地或经过低阻抗接地，称为大接地电流系统；另一类是中性点不接地，经过消弧线圈或高阻抗接地，称为小接地电流系统。其中采用最广泛的是中性点不接地、中性点经过消弧线圈接地和中性点直接接地三种方式。

（1）中性点直接接地系统　中性点直接接地系统，即将中性点直接接入大地，中性点的电位在电网的任何工作状态下均保持为零。在这种系统中，当发生一相接地时，这一相直接经过接地点和接地的中性点短路，一相接地短路电流的数值最大，因而应立即使继电保护动作，将故障部分切除。中性点直接接地系统如图2-5所示。

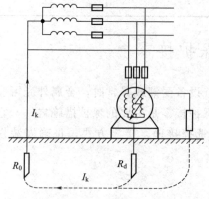

图2-5　中性点直接接地系统原理图

中性点直接接地的主要优点是它在发生一相接地故障时，非故障相对地电压不会增高，因而各相对地绝缘即可按相对地电压考虑。电网的电压愈高，经济效果愈大；而且在中性点不接地或经消弧线圈接地的系统中，单相接地电流往往比正常负荷电流小得多，因而要实现有选择性的接地保护就比较困难，但在中性点直接接地系统中，实现就比较容易，由于接地电流较大，继电保护一般都能迅速而准确地切除故障线路，且保护装置简单，工作可靠。

（2）中性点不接地系统　中性点不接地系统，即是中性点对地绝缘，结构简单，运行方便，不需任何附加设备，投资省。当中性点不接地系统中发生一相接地时，其流过故障点电流仅为电网对地的电容电流，其值很小，称为小电流接地系统。需装设绝缘监察装置，以便及时发现单相接地故障，迅速处理，以免故障发展为两相短路而造成停电事故。中性点不接地系统发生单相接地故障时，其接地电流很小，若是瞬时故障，一般能自动熄弧，非故障相电压升高不大，不会破坏系统的对称性，故可带故障连续供电2h，从而获得排除故障时间，相对地提高了供电的可靠性。中性点不接地方式因其中性点是绝缘的，电网对地电容中储存的能量没有释放通路。在发生弧光接地时，电弧的反复熄灭与重燃，也是向电容反复充电过程。由于对地电容中的能量不能释放，造成电压升高，从而产生弧光接地过电压或谐振过电压，其值可达很高的倍数，对设备绝缘造成威胁。中性点不接地系统原理图如图2-6所示。

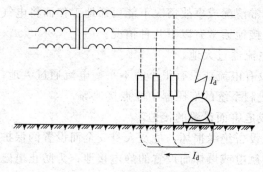

图2-6　中性点不接地系统原理图

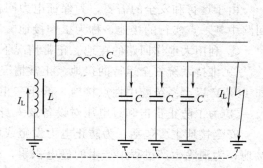

图2-7　中性点经消弧线圈接地系统原理图

（3）中性点经消弧线圈接地系统　当一相接地电容电流超过了其允许值时，可以用中性点经消弧线圈接地的方法来解决，该系统即称为中性点经消弧线圈接地系统。中性点经消弧线圈接地系统原理图如图2-7所示。

消弧线圈主要有带气隙的铁芯和套在铁芯上的绕组组成，它们被放在充满变压器油的油箱内。绕组的电阻很小，电抗很大。消弧线圈的电感，可用改变接入绕组的匝数加以调节。显然，在正常运行状态下，由于系统中性点的电压为三相不对称电压，数值很小，所以通过消弧线圈的电流也很小。根据规程要求消弧线圈必须处于过补偿状态。

采用中性点经消弧线圈接地方式，在系统发生单相接地时，流过接地点的电流较小，其特点是线路发生单相接地时，可不立即跳闸，按规程规定电网可带单相接地故障运行2h。从实际运行经验和资料表明，当接地电流小于10A时，电弧能自灭，因消弧线圈的电感的电流可抵消接地点流过的电容电流，若调节得很好时，电弧能自灭。中性点经消弧线圈接地方式的供电可靠性大大高于中性点直接接地方式。

3. 保护接地

将电气设备正常运行时不带电而故障情况下可能出现危险的对地电压的金属外壳（或构架）和接地装置之间作良好的电气连接，这种保护方式称为保护接地。

当电气设备由于种种原因造成绝缘损坏时就会产生漏电，或是带电导线触碰机壳时，都会使本不带电的金属外壳等带电，具有相当高或等于电源电压的电位。若金属外壳未实施接地，则操作人员触碰时便会发生触电，如果实行了保护接地，此时就会因金属外壳已与大地有了可靠而良好的连接，便能让绝大部分电流通过接地体流散到地下。保护接地的作用如图2-8所示。

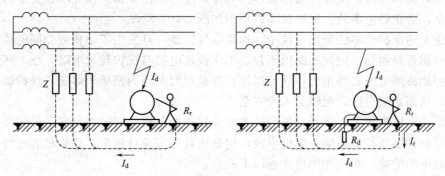

图2-8　保护接地的作用

人体若触及漏电的设备外壳，因人体电阻 R_r 与接地电阻 R_d 相并联，且 $R_r > R_d$（通常人体电阻比接地电阻大200倍以上），由于分流作用，通过人体的故障电流将远比流经 R_d 要小得多，对人体的危害程度也就极大地减小了。

此外，在中性点接地的低压配电网络中，假如电气设备发生了单相碰壳故障，若实行了保护接地，由于电源相电压为220V，如按工作接地电阻为4Ω，保护接地电阻为4Ω计算，则故障回路将产生27.5A的电流。一般情况下，这么大的故障电流定会使熔断器熔断或自动开关跳闸，从而切断电流，保障了人身安全。

在电源中性点直接接地的系统中，保护接地有一定的局限性。这是因为在该系统中，当设备发生碰壳故障时，便形成单相接地短路，短路电流流经相线和保护接地、电源中性点接地装置。如果接地短路电流不能使熔丝可靠熔断或自动开关可靠跳闸时，漏电设备金属外壳上就会长期带电,也是很危险的。

4. 重复接地

在电源中性线作了工作接地的系统中,为确保保护接零的可靠,还需相隔一定距离将中性线或接地线重新接地,称为重复接地。

如图 2-9 所示,经过重复接地处理后,即使零线发生断裂,也能使故障程度减轻。在照明线路中,也可以避免因零线断裂三相电压不平衡而造成某些电气设备损坏。

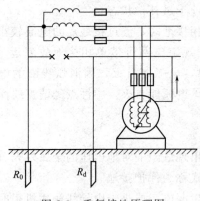 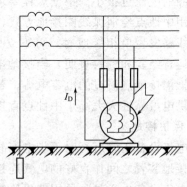

图 2-9　重复接地原理图　　　　　图 2-10　保护接零原理图

二、保护接零

若将电气设备在正常情况下不带电的金属部分用导线直接与低压配电系统的零线相连接,这种方式便称为保护接零,简称接零。与保护接地相比,保护接零能在更多的情况下保证人身安全,防止触电事故。保护接零原理图如图 2-10 所示。

在实施上述保护接零的低压系统中,如果电气设备一旦发生了单相碰壳漏电故障,便形成了一个单相短路回路。因该回路内不包含工作接地电阻与保护接地电阻,整个回路的阻抗就很小,因此故障电流必将很大,就足以保证在最短的时间内使熔丝熔断、保护装置或自动开关跳闸,从而切断电源,保障了人身安全。

显然,采取保护接零方式后,便可扩大安全保护的范围,同时也克服了保护接地方式的局限性。保护接零能有效地防止触电事故,但是在具体实施过程中,如果稍有疏忽大意,仍然会导致触电的危险。在应用中应注意以下几点。

① 三相四线制低压电源的中性点必须良好接地,工作接地电阻值应符合要求。

② 在采用保护接零方式的同时,还应装设足够的重复接地装置。

③ 同一低压电网中(指同一台配电变压器的供电范围内),在选择采用保护接零方式后,便不允许再(对其中任一设备)采用保护接地方式。

④ 零线上不准装设开关和熔断器。零线的敷设要求应与相线一样,以免出现零线断线故障。

⑤ 零线截面应保证在低压电网内任何一处短路时,能够承受大于熔断器额定电流 2.5~4 倍及自动开关额定电流 1.25~2.5 倍的短路电流,且不小于相线载流量的一半。

⑥ 所有电气设备的保护接零线,应以并联方式连接到零干线上。

必须指出,在实行保护接零的低压配电系统中,电气设备的金属外壳在正常情况下有时也会带电。产生这种现象的原因有以下三种。

① 三相负载不平衡时,在零线阻抗过大(线径过小)或断线的情况下,零线上便可能

会产生一个有麻电感觉的接触电压。

② 保护接零系统中有部分设备采用了保护接地时,若接地设备发生了单相碰壳故障,则接零设备的外壳便会因零线电位的升高而产生接触电压。

③ 当零线断线同时又发生了零线断开点之后的电气设备单相碰壳时,零线断开点后的所有接零设备,便会有较高的接触电压。

三、等电位连接

等电位连接是国际上大力推广采用的一种电气安全措施,美国国家电气法规对等电位连接所下的定义是:"将各金属体作永久的连接以形成导电通路,它应保证电气的连续导通性并将预期可能加于其上的电流安全导走";国标 GB 50343—2004 定义为"设备和外漏可导电部分的电位基本相等的电气连接"。在工业和民用建筑物中,电气设备一般都较多,并且各种金属管道纵横交错,金属构件比比皆是,为了保证人身和设备安全,将有可能带电伤人或损坏设备的金属导电体相互连接,消除或降低相互间的电位差的连接方式叫等电位连接。

国际上非常重视等电位连接的作用,它对用电安全、防雷以及电子信息设备的正常工作和安全使用,都是十分必要的。根据理论分析,等电位连接作用范围越小,电气上越安全。等电位连接分为总等电位连接和局部等电位连接两种。

1. 总等电位连接

总等电位连接的作用在于降低建筑物内间接接触电压和不同金属部件间的电位差,并消除自建筑物外经电气线路和各种金属管道引入的危险故障电压的危害,它应通过进线配电箱近旁的总等电位连接端子板(接地母排)将进线配电箱的 PE 母排、公用设施的金属管道(如上、下水、热力、煤气等管道)、暖气管道、空调管路、电缆槽道等互相连通。如果可能,应包括建筑物金属结构;如果作了人工接地,也包括其接地极引线。总等电位连接原理如图 2-11 所示。

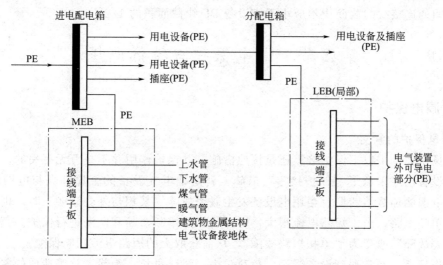

图 2-11 总等电位连接和局部等电位连接示意

建筑物每一电源进线都应作总等电位连接,各个总等电位连接端子板应互相连通。

由室外引入的上述管道应尽量在建筑物内靠近入口处进行连接。必须指出,煤气管和暖气管应列入总等电位连接范围,但不允许用作接地极,因此,煤气管在入户后应插入一段绝缘部分，并跨接一过电压保护装置；室外地下暖气管因包有隔热材料，可不另行采取保护措施。

总等电位连接一般设置专用的端子板。总等电位连接线的截面积不应小于电气设备中最大 PE 线截面积的 1/2。但是，若采用铜导线，则其截面积不必大于 2.5mm^2；若采用其他材质的导线，只要与相应的铜导线截面积相等即可。

2. 辅助等电位连接

将有可能出现危险电位差并可同时接触两导电部分或电气设备用导线直接作等电位连接，称为辅助等电位连接。

在特别潮湿、触电危险大的场所，如在电源网络阻抗过大，使自动切断电源时间过长，不能满足防电击要求时；自 TN 系统同一配电箱供给固定式和移动式两种电气设备，而固定式设备保护电器切断电源时间不能满足移动式设备防电击要求时；为满足浴室、游泳池、医院手术室等场所对防电击的特殊要求时需作辅助等电位连接。

3. 局部等电位连接

当需在一局部场所范围内作多个辅助等电位连接时，可通过局部等电位连接端子板将下列部分互相连通，以简便地实现该局部范围内的多个辅助等电位连接，称为局部等电位连接。若局部等电位连接范围内没有 PE 线，则不必从该范围外专门引入 PE 线。局部等电位连接如图 2-11 所示。

局部等电位连接既可从专用端子板引出，也可从配电箱内的 PE 干线上引出。最好从两个端子形成环形连接线，将上述需要连接的线路和部件连接到环形接地线上。此外，也可将电气设备的外露可导电部分与邻近的水暖管道、建筑物金属构件直接连接，形成局部等电位。

从 PE 干线或专用端子板引出的连接线的截面积不应小于 PE 线截面积的 1/2。电气设备之间的连接线的截面积不应小于其中较小的 PE 线截面积。电气设备与水暖管道、建筑物金属构件间的连接线的截面积不应小于该设备 PE 线截面积的 1/2。

第四节 漏电保护与特低电压

一、漏电保护

1. 漏电保护的意义

工作场所无论采取了保护接零还是接地措施，其保护作用并不是万无一失的。

电气设备已经采取了"保护接零"措施，就是把电气设备的金属外壳与电网的零线连接，并在电源侧加装熔断器。当用电设备发生碰壳故障（某相与外壳碰触）时，则形成该相对零线的单相短路，由于短路电流很大，迅速将保险熔断，断开电源进行保护。其工作原理是把"碰壳故障"改变为"单相短路故障"，从而获取大的短路电流切断保险。

在工作场所，经常遇到设备受潮、负荷过大、线路过长、绝缘老化等造成的漏电。因为这些漏电电流值较小，以至于不能迅速切断保险，因此，故障不会自动消除而长时间存在。但这种漏电电流对人身安全已构成严重的威胁，所以，还需要加装灵敏度更高的漏电保护器进行补充保护。

例如《施工现场临时用电安全技术规范》中规定，"施工现场所有用电设备，除作保护接零外，必须在设备负荷线的首端处设置漏电保护装置"。因此，虽然电气设备采取了保护接零还有接地措施，还应该注意以下事项。

① 施工现场所有用电设备都要装设漏电保护器。因为建筑施工露天作业、潮湿环境、人员多变，再加上设备管理环节薄弱，所以用电危险性大，要求所有用电设备包括动力及照明设备、移动式和固定式设备等都要装设漏电保护器。当然不包括使用安全电压供电和隔离变压器供电的设备。

② 原有按规定进行的保护接零（接地）措施仍按要求不变，这是安全用电的最基本的技术措施，不能拆除。

③ 漏电保护器安装在用电设备负荷线的首端处。这样做的目的是对用电设备进行保护的同时，也对其负荷线路进行保护，防止由于线路绝缘损坏造成的触电事故。

2. 漏电保护器的功能和分类

（1）漏电保护器的功能

① 当发生人体触电时，十几毫安的触电电流就能使漏电保护器动作，直接或间接地切断电源，从而保证人身安全。

② 当设备发生漏电，保护接地或保护接零不能切断电源时，十几毫安的漏电电流也能使漏电保护器切断电源。

（2）漏电保护器的分类 漏电保护器按其动作原理分为电压动作型和电流动作型两大类。电流动作型的漏电保护器又分为电磁式、电子式和中性点接地式三种。漏电保护器按其工作性质又分为漏电断路器和漏电继电器。漏电保护器按其漏电动作值又分为高灵敏度型、中灵敏度型和低灵敏度型三种。漏电保护器按其动作速度又分为高速型、延时型和反时限型三种。

漏电保护器按其极数和电流回路数分为单极两线漏电保护器、两极漏电保护器、两极三线漏电保护器、三极漏电保护器、三极四线漏电保护器、四极漏电保护器。

3. 电磁式漏电保护器工作原理

电磁式漏电保护器原理图如图 2-12 所示，电磁式漏电保护器由放大器、零序互感器和脱扣装置组成。漏电保护器正常工作时电路中除了工作电流外没有

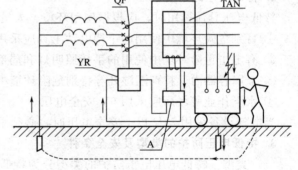

图 2-12 电磁式漏电保护器原理图
A—放大器；QF—断路器；YR—脱扣器；TAN—零序互感器

漏电流通过漏电保护器，此时流过零序互感器（检测互感器）的电流大小相等，方向相反，总和为零，互感器铁芯中感应磁通也等于零，二次绕组无输出，自动开关保持在接通状态，漏电保护器处于正常运行。当被保护电器与线路发生漏电或有人触电时，就产生一个接地故障电流，使流过检测互感器内电流量和不为零，互感器铁芯中感应出现磁通，其二次绕组有感应电流产生，经放大后输出，使漏电脱扣器动作，推动自动开关跳闸，达到漏电保护的目的。

4. 必须安装漏电保护器的设备和场所

① 属于第Ⅰ类的移动式电气设备及手持电动工具。

② 安装在潮湿、强腐蚀性等环境恶劣场所的电气设备。

③ 建筑施工工地的电气施工机械设备。
④ 暂设临时用电的电气设备。
⑤ 宾馆、饭店及招待所的客房内的插座回路。
⑥ 机关、学校、企业、住宅等建筑物内的插座回路。
⑦ 游泳池、喷水池、浴池的水中照明设备。
⑧ 安装在水中的供电线路和设备。
⑨ 医院中直接接触人体的电气医用设备。
⑩ 其他需要安装漏电保护器的场所。

二、特低电压

特低电压又称安全电压，是指使通过人体的电流不超过允许范围的电压。其保护原理是：通过对系统中可能作用于人体的电压进行限制，从而使触电时流过人体的电流受到抑制，将触电危险性控制在没有危险的范围内。

1. 特低电压的区段、限值和安全电压额定值

（1）特低电压区段　所谓特低电压区段，是指工频交流电在相对地或相对相之间的有效值均不大于 50V；无纹波直流电在相对地或相对相之间均不大于 120V。

（2）特低电压限值　限值是指任何运行条件下，任何两导体间不可能出现的最高电压值。我国的安全电压限值规定为：工频有效值的限值为 50V、直流电压的限值为 120V。

（3）安全电压额定值　我国对安全电压额定值（工频有效值）的等级规定为 42V、36V、24V、12V 和 6V。

2. 特低电压选用要求

特低电压具体选用时，应根据使用环境、人员和使用方式等因素综合后加以确定。
① 特别危险环境中使用的手持电动工具应采用 42V 安全电压。
② 有电击危险环境中使用的手持照明灯和局部照明灯应采用 36V 或 24V 安全电压。
③ 金属容器内、特别潮湿处等特别危险环境中使用的手持照明灯应采用 12V 安全电压。
④ 水下作业等场所应采用 6V 安全电压。
当电气设备采用 24V 以上安全电压时，必须采取防护直接接触电击的措施。

3. 特低电压防护的类型及安全条件

（1）类型　特低电压电击防护的类型分为特低电压（ELV）和功能特低电压（FELV）。其中，ELV 防护又包括安全特低电压（SELV）和保护特低电压（PELV）两种类型的防护。不能简单地认为采用了安全特低电压电源就能防止电击事故的发生。它是有前提的，因为只有同时符合规定的条件和防护措施，系统才是安全的。

特低电压防护类型可分为以下三类。
① 安全特低电压（SELV）。只作为不接地系统的安全特低电压用的防护，目前应用最广。国家标准 GB3805—83《安全电压》中的安全电压相当于 SELV。
② 保护特低电压（PELV）。只作为保护接地系统的安全特低电压用防护。
③ 功能特低电压（FELV）。由于功能上的原因采用了特低电压，但不能满足或没有必要满足 SELV 和 PELV 的所有条件。

（2）安全条件　要达到兼有直接接触电击防护和间接接触电击防护的保护要求，必须满足以下条件。

① 线路或设备的标准电压不超过标准所规定的安全特低电压值。
② SELV 和 PELV 必须满足安全电源、回路配置和各自的特殊要求。
③ FELV 必须满足其辅助要求。

三、SELV 和 PELV 的安全电源及回路配置

SELV 和 PELV 对安全电源的要求完全相同，在回路配置上有共同要求，也有特殊要求。

1. SELV 和 PELV 的安全电源

安全特低电压必须由安全电源供电。可以作为安全电源的主要有以下几种。

① 安全隔离变压器或与其等效的具有多个隔离绕组的电动发电机组，其绕组的绝缘至少相当于双重绝缘或加强绝缘。

安全隔离变压器的一次与二次绕组之间必须有良好的绝缘。安全隔离变压器各部分的绝缘电阻不得低于下列数值：

a. 带电部分与壳体之间的工作绝缘 $2M\Omega$；

b. 带电部分与壳体之间的加强绝缘 $7M\Omega$；

c. 输入回路与输出回路之间 $5M\Omega$；

d. 输入回路与输入回路之间 $2M\Omega$；

e. 输出回路与输出回路之间 $2M\Omega$；

f. Ⅱ类变压器的带电部分与金属物件之间 $2M\Omega$；

g. Ⅱ类变压器的带电部分与壳体之间 $5M\Omega$；

h. 绝缘壳体内、外金属物之间 $2M\Omega$。

安全隔离变压器的额定容量：单相变压器不得超过 $10kV \cdot A$；三相变压器不得超过 $16kV \cdot A$。安全隔离变压器的输入和输出导线应有各自的通道。导线进出变压器处应有护套。固定式变压器的输入电路中不得采用接插件。

② 电化电源或与高于安全特低电压回路无关的电源，如蓄电池及独立供电的柴油发电机等。

③ 电子装置电源，但要求其在故障时仍能够确保输出端子的电压（用内阻不小于 $3k\Omega$ 的电压表测量）不超过特低电压值。

2. SELV 和 PELV 的回路配置

SELV 和 PELV 的回路配置都应满足以下要求。

① SELV 和 PELV 回路的带电部分相互之间、回路与其他回路之间应实行电气隔离，其隔离水平不应低于安全隔离变压器输入与输出回路之间的电气隔离。

② SELV 和 PELV 回路的导线应与其他任何回路的导线分开敷设，以保持适当的物理上的隔离。

3. SELV 及 PELV 的特殊要求

（1）SELV 的特殊要求

① SELV 回路的带电部分严禁与大地或其他回路的带电部分或保护导体相连接。

② 外露可导电部分不应有意地连接到大地或其他回路的保护导体和外露可导电部分，也不能连接到外部可导电部分。

③ 若标称电压超过 25V 交流有效值或 60V 无纹波直流值，应装设必要的遮栏或外护

物，或者提高绝缘等级；若标称电压不超过上述数值，除某些特殊应用的环境条件外，一般无需直接接触电击防护。

（2）PELV 的特殊要求　实际上，可以将 PELV 看作是由 SELV 进行接地演变而来。由于 PELV 允许回路接地，因此，PELV 的防护水平要求比 SELV 要高。

① 利用必要的遮栏或外护物，或者提高绝缘等级来实现直接接触电击防护。

② 如果设备在等电位连接有效区域内，以下情况可不进行上述直接接触电击防护：

a. 当标称电压不超过 25V 交流有效值或 60V 无纹波直流值，而且设备仅在干燥情况下使用，且带电部分不大可能同人体大面积接触时；

b. 在其他任何情况下，标称电压不超过 6V 交流有效值或 15V 无纹波直流值。

4. **FELV 的辅助要求**

① 装设必要的遮栏或外护物，或者提高绝缘等级来实现直接接触电击防护。

② 当 FELV 回路设备的外露可导电部分与一次侧回路的保护导体相连接时，应在一次侧回路装设自动断电的防护装置，以实现间接接触电击的防护。

5. **插头及插座**

① 必须从结构上保证 SELV、PELV 及 FELV 回路的插头和插座不致误插入其他电压系统或被其他系统的插头插入。

② SELV 和 PELV 回路的插座还不得带有接零或接地插孔，而 FELV 回路则根据需要决定是否带接零或接地插孔。

四、电气安全用具

在生产过程中，工作人员经常使用各种电气工具，这些工具不仅对完成工作任务起一定的作用，而且对保护人身安全起重要作用，如防止人身触电、电弧灼伤、高处摔跌等。要充分发挥电气安全用具的保护作用，电气工作人员还得对各种电气安全用具的基本结构、性能有所了解，掌握其使用和保管方法。电气安全用具就其基本作用而言，可分为绝缘安全用具和一般防护安全用具两大类。了解这两类安全用具的性能、作用及使用维护方法，对防止工作人员触电是很有好处的。

绝缘安全用具是用来防止工作人员直接触电的安全用具，分为基本安全用具和辅助安全用具两种。

基本安全用具是指那些具有较高绝缘强度，能长期承受设备的工作电压，并且在该电压等级产生内部过电压时，能保证工作人员安全的工具，如绝缘棒、绝缘夹钳、验电器等。

辅助安全用具是指那些主要用来进一步加强基本安全用具绝缘强度的工具，如绝缘手套、绝缘靴、绝缘垫等。

辅助安全用具的绝缘强度比较低，不能承受高电压带电设备或线路的工作电压，只能加强基本安全用具的保护作用。因此，在辅助安全用具配合基本安全用具使用时，能起到防止工作人员遭受接触电压、跨步电压、电弧灼伤等伤害的作用，如绝缘手套、绝缘靴、绝缘地毯、绝缘站台、高压验电器、低压试电笔、临时接地线和警告牌等都属于辅助安全用具。另外，在低压带电设备上，辅助安全工具可作为基本安全用具使用。

1. **绝缘棒**

绝缘棒又称绝缘杆或操作杆，主要用于接通或断开隔离开关、跌落熔断器、装卸携带型接地线以及带电测量和试验等。

绝缘棒一般用电木、胶木、环氧玻璃棒或环氧玻璃布管制成。在结构上，绝缘棒分为工作部分、绝缘部分和握手部分三部分，其结构如图2-13所示。

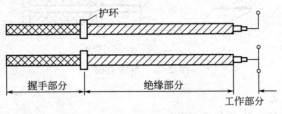

图2-13 绝缘棒

工作部分一般由金属制成，也可用玻璃钢等机械强度较高的绝缘材料制成。因其工作需要，工作部分不宜过长，一般为5～8cm，以免操作时造成相间或接地短路。绝缘棒的绝缘部分用硬塑料、胶木或玻璃钢制成，有的用浸过绝缘漆的木料制成。其长度可按电压等级及使用场合而定，如10kV及以上的电气设备使用的绝缘棒，绝缘部分长达2～3m，为便于携带和使用方便，将其制成多段，各段之间用金属螺钉连接，使用时可拉长、缩短。绝缘棒表面应光滑，无裂纹或硬伤。绝缘棒握手部分材料与绝缘部分相同。握手部分与绝缘部分之间有由护环构成的明显的分界线。

在绝缘棒使用时应注意如下事项。
① 使用前，必须核对绝缘棒的电压等级与所操作的电气设备的电压等级是否相同。
② 在使用绝缘棒时，工作人员应戴绝缘手套、穿绝缘靴，以加强绝缘棒的保护作用。
③ 在下雨、下雪或潮湿天气时，无伞形罩的绝缘棒不宜使用。
④ 使用绝缘棒时要注意防止碰撞，以免损坏表面的绝缘层。

绝缘棒保管应注意的事项如下。
① 绝缘棒应保持存放在干燥的地方，以防止受潮。
② 绝缘棒应放在特制的架子上，或垂直悬挂在专用挂架上，以防其弯曲。
③ 绝缘棒不得与墙或地面接触，以免碰伤其绝缘表面。
④ 绝缘棒应定期进行绝缘试验，一般每年试验一次。用作测量的绝缘棒每半年试验一次，试验时的标准见表2-13。另外，绝缘棒一般每三个月检查一次，检查有无裂纹、机械损伤、绝缘层破坏等。

表2-13 绝缘棒试验项目和试验标准

名 称	电压等级/kV	周 期	交流耐压/kV	时间/min
绝缘棒	6～10	每年一次	44	5
	35～154		4倍相电压	
	220		3倍相电压	

2. 绝缘夹钳

绝缘夹钳是用来安装和拆卸高压熔断器或执行其他类似工作的工具，主要用于35kV及以下电力系统。

绝缘夹钳由工作钳口、绝缘部分和握手部分三部分组成，见图2-14。各部分都用绝缘材料制成，所用材料与绝缘棒相同，只是工作部分是一个坚固的夹钳，并有一个或两个管形的开口，用以夹紧熔断器。其绝缘部分和握手部分的最小长度不应低于表2-13的数值，主

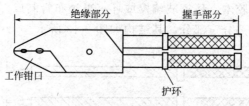

图 2-14 绝缘夹钳

要依电压和使用场所而定。

绝缘夹钳使用及保存应注意如下事项。

① 使用时绝缘夹钳不允许装接地线。

② 在潮湿天气只能使用专用的防雨绝缘夹钳。

③ 绝缘夹钳应保存在特制的箱子内,以防受潮。

④ 绝缘夹钳应定期进行试验,试验方法同绝缘棒,试验周期为一年,10~35kV 夹钳试验时施加 3 倍线电压,220V 夹钳施加 400V 电压,110V 夹钳施加 260V 电压。

3. 绝缘手套和绝缘靴

绝缘手套和绝缘靴用橡胶制成,但绝缘手套可作为低压工作的基本安全用具,绝缘靴可作为防护跨步电压的基本安全用具。绝缘手套的长度至少应超过手腕 10cm。

手套和绝缘靴使用时注意事项如下。

① 绝缘手套和绝缘靴每次使用前应进行外部检查,要求表面无损伤、磨损或划伤、破漏等,有砂眼漏气的禁用。绝缘靴的使用期限为大底磨光为止,即当大底漏出黄色胶时,就不能再穿用了。

② 绝缘手套和绝缘靴使用后应擦净、晾干,绝缘手套还应洒上一些滑石粉,保持干燥和避免黏结。

③ 绝缘手套和绝缘靴不得与石油类的油脂接触,合格的与不合格的不允许混放,以免使用时拿错。

复习思考题二

一、问答题

1. 电流是如何对人体造成伤害的?按人体受到伤害程度可分为哪几类?影响电流对人体伤害程度的主要因素有哪些?

2. 电击可分为哪几类?电击的主要特征有哪些?

3. 电伤包括哪几类?说明电灼伤的危害。

4. 简述触电特点和触电形式。

5. 简述单相触电、两相触电和跨步电压触电的特点。

6. 电线接地时,人体距离接地点越近,跨步电压越高,距离越远,跨步电压越低,一般情况下距离接地体多少米,跨步电压可看成是零?

7. 简述触电事故规律。

8. 试分析触电的原因。

9. 触电时脱离低压电源的主要方法有哪些?

10. 绝缘击穿可分为哪些类型?

11. 什么是电气设备的基本绝缘?适用范围有哪些?

12. 什么是附加绝缘？适用范围有哪些？
13. 什么是双重绝缘？适用范围有哪些？
14. 什么是加强绝缘？
15. 电气设备触电防护可分为哪几类？
16. 低压电器的外壳防护包括哪几种？外壳防护等级标志的含义是什么？
17. 举例说明用电设备间距。
18. 什么是保护接地？试分析保护接地的作用原理。
19. 什么是保护接零？试分析保护接零的作用原理。
20. 接地和接零的适用范围是什么？
21. 保护接地或保护接零方式如何选择？
22. 实行零线重复接地的作用是什么？
23. 在有爆炸和火灾危险场所使用手持式或移动式电动工具时，必须采用什么样的电动工具？
24. 施工用电动机械设备，应采用的保护措施有哪些？
25. 简述等电位连接的作用。
26. 简述哪些设备和场所必须安装漏电保护器？
27. 什么叫安全电压？安全电压最高是多少伏？

二、选择题

1. 施工现场照明设施的接电应采取的防触电措施为（　　）。
   A. 戴绝缘手套　　B. 切断电源　　C. 站在绝缘板上
2. 被电击的人能否获救，关键在于（　　）。
   A. 触电的方式　　　　　　B. 人体电阻的大小
   C. 触电电压的高低　　　　D. 能否尽快脱离电源和施行紧急救护
3. 保证电气检修人员人身安全最有效的措施是（　　）。
   A. 悬挂标示牌　　B. 放置遮栏　　C. 将检修设备接地并短路
4. 从安全角度考虑，设备停电必须有一个明显的（　　）。
   A. 标示牌　　B. 接地处　　C. 断开点
5. 设备或线路的确认无电，应以（　　）指示作为根据。
   A. 电压表　　B. 验电器　　C. 断开信号
6. 配电盘（箱）、开关、变压器等各种电气设备附近不得（　　）。
   A. 设放灭火器　　　　　　B. 设置围栏
   C. 堆放易燃、易爆、潮湿和其他影响操作的物件
7. 一般居民住宅、办公场所，若以防止触电为主要目的时，应选用漏电动作电流为（　　）的漏电保护开关。
   A. 6mA　　B. 15mA　　C. 30mA
8. 移动式电动工具及其开关板（箱）的电源线必须采用（　　）。
   A. 双层塑料铜芯绝缘导线　　B. 双股铜芯塑料软线
   C. 铜芯橡皮绝缘护套或铜芯聚氯乙烯绝缘护套软线
9. 移动式电动工具的电源线引线长度一般不应超过（　　）。
   A. 2m　　B. 3m　　C. 4m

10. 长期搁置不用的手持电动工具，在使用前必须测量绝缘电阻，要求Ⅰ类手持电动工具带电零件与外壳之间绝缘电阻不低于（　）。
　　A．2MΩ　　　　　　B．0.5MΩ　　　　　C．1MΩ

三、填空题

1. 在电压相同的交流电和直流电条件下发生触电事故，交流电对人的伤害更_____。
2. 电气安全措施由_____、_____两部分组成。
3. 凡在潮湿工作场所或在金属容器内使用手提式电动用具或照明灯时，应采用_____V安全电压。
4. 通过人身的直流安全电流规定为_____mA以下，通过人身的交流安全电流规定为_____mA以下。
5. 搬动风扇、照明灯和移动电焊机等电气设备时，应在_____后进行。
6. 电气设备着火，首先必须采取的措施是_____。
7. 按触电事故发生频率看，一年当中_____月份事故最集中。

第三章 静电、雷电与电磁防护

>>> **学习目标**

通过本章学习，达到如下目标。
1. 掌握静电危害防范的原理和消减措施、雷电防范原理与措施、漏电保护与特低电压的相关知识。
2. 理解静电危害、雷电危害、电磁辐射危害、静电危害的控制方法、雷电防护基本原则、电磁辐射防护措施。
3. 了解静电危害的防护、雷电危害防护的基本原则。

第一节 静电及危害

一、静电及其特点

1. 静电

通常任何物体所带有的正负电荷是等量的，它是电能的一种表现形式。当物体之间相互摩擦、接触，因两种物体摩擦起电序列不同，在一种物体上积聚正电荷，另一种物体则积聚负电荷，在各物体上产生静电，是正负电荷在局部范围内失去平衡的结果，是通过电子转移而形成的。这些不平衡的电荷，就产生了一个可以衡量其大小的电场，称为静电场。静电场能影响一定距离内的其他物体，使之感应带电，影响距离的远近与其电量的多少有关。为了区别直流电、交流电，人们通常把相对于观察者宏观上不发生定向流动的电荷称为静电。现代科学研究的结果表明，电效应、压电效应、导体（或电介质）的静电感应都可产生静电。

静电危害起因于静电力和静电火花，静电危害中最严重的静电放电能引起可燃物起火和爆炸。人们常说，防患于未然，最简单又最可靠的办法是用导线把设备接地，这样可以把电荷引入大地，避免静电积累。为了防止乘客下飞机时被电击，飞机起落架上大都使用特制的接地轮胎或接地线，以泄放掉飞机在空中所产生的静电。经常看到油罐车的尾部拖一条铁链，这就是车的接地线，也是用来泄放油罐车中所产生的静电。

然而，任何事物都有两面性。对于静电，只要掌握了它的特点，扬长避短，也能让它为生产服务。工业生产中的静电印花、静电喷涂、静电除尘技术等，农业生产中的喷洒农药、人工降雨等方面就是静电技术的应用实例。

2. 静电的特点

静电从整体上来说，其特点是电压高，能量小，而危害大。具体如下：
① 静电的电量小，静电电压高。一般电量只有微库或毫库级，但由于带电体的电容量

很小，则电压很高，如橡胶行业的静电电压高达几万伏，甚至十几万伏。

② 静电的能量不大，一般不大于毫焦级。

③ 绝缘体上的静电消失或泄漏很慢。因此，必须设置消除静电的装置。

④ 静电会放电。人体或金属体尖端放电都有极大的危险性，特别是在有爆炸和火灾危险场所。

⑤ 静电会产生静电感应。在工艺现场易发生的地方，由于静电感应，可能会在导体或人体上产生电荷而且电压很高，从而导致危险的火花放电。

⑥ 静电是可以屏蔽的。通常桶形或空腔的导体，其内部有电荷时，必定在外壳感应出电荷，但当外表面接地时，则外部的电荷为零，且不影响内部的电荷。

二、静电的产生

1. 静电的产生

静电是一种客观的自然现象，产生的方式有多种。在干燥条件下，高电阻率且容易得失电子的物质，由于摩擦、接触分离、固体粉碎、液体分离、受热、受压和撞击，都会产生静电。不仅固体能起静电，粉尘能起静电，液体能起静电，蒸气和气体能起静电，人体也能起静电。静电产生的内因有物质的溢出功不同、电阻率不同和介电常数不同；静电产生的外因有物质的紧密接触和迅速分离、附着带电、感应起电、极化起电等。

产生静电的方式往往不是单一的，而是几种方式共同作用的结果。

2. 静电的类型

（1）固体静电 固体起电通常包括有接触起电、物理效应起电、非对称摩擦起电、电解起电、静电感应起电等起电类型。因物质表面往往因有杂质吸附、腐蚀、氧化等原因，形成了具有电子转移能力的薄层，在生产中摩擦、滚压、接触分离等条件下产生静电。固体静电的产生在塑料、橡胶、合成纤维、皮带传动等的生产工序中比较常见。

（2）液体静电 液体在流动、搅拌、沉降、过滤、摇晃、喷射、飞溅、冲刷、灌注等过程中都可能产生静电，这种静电能引起易燃液体和可燃气体的火灾和爆炸。当液体流动时，流动层的带电粒子随液体流动形成流动电流，异性带电粒子留在管道中，如管道接地则流入大地，流动的电荷形成电流。

（3）粉尘静电 粉尘是指由固体物质分散而成的细小颗粒。在生产过程中，例如在研磨、搅拌、筛选、过滤等工序中，粉尘与粉尘、粉尘与管壁之间的互相摩擦经常有静电产生，轻则操作人员遭到电击影响生产，重则引起重大爆炸事故。

（4）人体静电 人体带电的主要原因有摩擦带电、感应带电和吸附带电等。如作业人员穿用的普通工作服与工作台面、工作椅摩擦时可产生 $0.2\sim10\mu C$ 的电荷量，在服装表面能产生 6000V 以上的静电电压并使人体带电；作业人员穿用的橡胶或塑料鞋底工作鞋，其绝缘电阻高达 $1\times10^{13}\Omega$ 以上，当与地面摩擦时产生静电荷使人体和所穿服装带静电。

三、静电危害

静电危害造成相当严重的后果和损失。对于静电引起的火灾和爆炸事故，以炼油、有机化工、橡胶、造纸、印刷、粉末加工、化纤等行业较多。通常静电的危害有三种。

1. 爆炸和火灾

爆炸和火灾是静电的最大危害。静电的能量虽然不大，但因其电压很高且易放电，出现静电火花。在易燃易爆的场所,可能因为静电火花引起火灾或爆炸。如深受静电之苦的化学工业,微弱的火花放电也会引起含烃蒸气的空气燃烧爆炸;苯在管道中流动,在管壁上产生静电;在反应釜中生产有机精细化学品,溶剂与反应釜器壁摩擦会产生静电。若防范措施稍有疏漏,就有可能造成不可挽回的损失。

2. 电击

由于静电造成的电击,可能发生在人体接近带电物体的时候,也可能发生在带静电电荷的人体接近接地体的时候。一般情况下,静电的能量较小,因此在生产过程中的静电电击不会直接使人致命,但电击易引起坠落、摔倒等二次事故,电击还可引起职工紧张,影响工作。

3. 给生产造成不利影响

在某些生产过程中,不消除静电会影响生产或降低产品性能。此外,静电还可引起电子元件误动作,引发二次事故;静电对电脑也能造成伤害;静电对电子元器件也能造成突发性完全失效,表现为器件电参数突然劣化,失去原有功能。

第二节 静电防范

静电是一种常见的自然现象。任何一种材料,不论它是固体、液体还是气体,不论它是导体还是绝缘体,都会因为摩擦而带有电荷。电荷量的多少除了取决于材料本身的特性,还受工艺设备和参数、环境条件等因素的影响。了解和掌握静电产生和积累的诸因素,对于防范静电的危害是十分必要的。

一、影响静电的因素

1. 材质和杂质的影响

材料的电阻率,包括固体材料的表面电阻率对于静电泄漏有很大影响。对于固体材料,电阻率较小时,不容易积累静电;电阻率较大时,容易积累静电。对于液体,电阻率较小时,静电随着电阻率的增加而增加;电阻率较大时,静电随着电阻率的增加而减少。实践证明,只有容易得失电子,而且电阻率很高的材料才容易产生和积累静电。生产中常见的乙烯、丙烷、丁烷、原油、汽油、轻油、苯、甲苯、二甲苯、硫酸、橡胶、塑料等都比较容易产生和积累静电。

杂质对静电有很大的影响,静电在很大程度上决定于所含杂质的成分。一般情况下,杂质有增加静电的趋势;但如果杂质能降低原有材料的电阻率,则加入杂质有利于静电的泄漏。液体内含有高分子材料(如橡胶、沥青)的杂质时,会增加静电的产生。液体内含有水分时,在液体流动、搅拌或喷射过程中会产生附加静电;液体宏观运动停止后,液体内水珠的沉降过程要持续相当长一段时间,沉降过程中也会产生静电。如果油管或油槽底部积水,经搅动后容易引起静电事故。

2. 工艺设备和工艺参数的影响

接触面积越大,双电层正、负电荷越多,产生静电越多。管道内壁越粗糙,接触面积越大,冲击和分离的机会也越多,流动电流就越大。对于粉体,当管道、料槽材料与粉体材料相同时,不易产生静电;当管道、料槽材料与粉体材料不同时,则主要取决于粉体性质,并且颗粒越小,一定量粉体的表面积越大,产生静电越多。接触压力越大或摩擦越强烈,会增加电荷的分离,以致产生较多的静电。接触、分离速度越高,产生静电越多;液体流速对液体静电影响很大;设备的几何形状也对静电有影响。例如,平皮带与皮带轮之间的滑动位移比三角皮带与皮带轮之间的滑动位移大,平皮带产生的静电更多;通过离心过滤,可能使液体静电电压增加几十倍。

3. 环境条件的影响

潮湿程度影响材料的导电性和保持静电荷的能力。材料表面电阻率随空气湿度增加而降低,相对湿度越高,材料表面电荷密度越低。由于空气湿度受环境温度的影响,以致环境温度的变化可能加剧静电的产生。但当相对湿度在40%以下时材料表面静电电荷密度几乎不受相对湿度的影响而保持为某一最大值。周围导体布置对静电电压有很大的影响,带静电体周围导体的面积、距离、方位都影响其间电容,从而影响其间静电电压。例如,油料在管道内流动时电压不很高,但当注入油罐,特别是注入大容积油罐时,油面中部因电容较小而电压较高。又如,粉体经管道输送时,在管道出口处,由于电容减小,静电电压升高,容易由较大火花引起爆炸事故。液体流动状态的影响,如流动的液体由层流变为湍流时,其带电量会有显著的增加。

二、静电的预防措施

静电可以引起爆炸和火灾。因此,防护静电主要是对爆炸和火灾的防护,一些预防措施对消除电击和消除影响生产的危害同样是有效的。

静电灾害的预防措施包括控制静电产生的措施、防止静电积累的措施、防止爆炸性混合物形成的措施。

静电灾害的预防的原则有两条:要防止静电的聚集,避免或减少静电放电的产生,或采取"边产生边泄漏"的方法达到预防电荷积聚的目的,将静电荷控制在不致引起产生危害的程度;对已存在的电荷积聚,迅速可靠地消除掉。

1. 工艺控制

工艺控制是从工艺流程、设备构造、材料选择及操作管理等方面采取措施,限制电流的产生或控制静电的积累,使之控制在安全的范围之内。

① 在很多可能产生和积累静电的工艺过程中,都要用到有机溶剂和易燃液体并由此带来爆炸和火灾的危险。在不影响生产工艺过程、产品质量和经济合理的前提下,用不可燃介质代替易燃介质。

② 在爆炸和火灾危险场所采用通风装置或抽气装置及时排出爆炸性混合物,使混合物浓度不超过爆炸极限,防止静电火花引起爆炸或火灾。

③ 正确区分静电产生区和逸散区,采取不同的防静电危害措施。

④ 对设备和管道选用适当的材料。

⑤ 控制物料输送速度,适当地安排物料投入顺序。

⑥ 消除产生静电的附加源。

2. 静电接地

静电接地是消除导体上静电简单又有效的方法,是防止静电的最基本的措施。可以利用工艺手段对空气增湿、添加抗静电剂。静电接地连接是接地措施中重要的一环,可采取静电跨接、直接接地、间接接地等方式,把设备上各部分经过接地极与大地连接,静电连接系统的电阻不应大于100Ω。

3. 静电屏蔽

根据静电屏蔽的原理，可分为内场屏蔽和外场屏蔽两种。具体措施是用接地的屏蔽罩把带电体与其他物体隔离开来，这样带电体的电场将不会影响周围其他物体（内场屏蔽）；有时也用屏蔽罩把被隔离的物体包围起来，使其免受外界电场的影响（外场屏蔽）。

4. 静电中和器

静电中和主要是将分子进行电离，产生消除静电所必需的离子（一般正负离子成对）。其中与带电物体极性相反的离子，向带电物体移动，并和带电物体的电荷进行中和，从而达到消除静电的目的。这种方法已经被广泛地应用于生产薄膜、纸、布等行业，但是应用不当或失误会使消除静电的效果减弱，甚至会导致事故发生。利用此原理制成了静电消除器，静电消除器的类型主要有自感应式、外接电源式、放射线式、离子流式和组合式等，在生产中根据生产需要选择合适的静电消除器。

5. 增湿

增湿适用于绝缘体上静电的消除。但增湿主要是增强静电沿绝缘体表面的泄漏，而不是增加通过空气的泄漏。因此，增湿对于表面容易形成水膜或表面容易被水润湿的绝缘体有效，如醋酸纤维、硝酸纤维素、纸张、橡胶等。而对于表面不能形成水膜、表面水分蒸发极快的绝缘体或孤立的带静电绝缘体，增湿也是无效的。从消除静电危害的角度考虑，保持相对湿度在70%以上较好。

6. 抗静电添加剂

抗静电添加剂是化学药剂，具有良好的导电性或较强的吸湿性。因此，在容易产生静电的高绝缘材料中加入抗静电添加剂，能降低材料的电阻，加速静电的泄漏。如在橡胶中导电炭黑、火药药粉中一般加入石墨，石油中一般加入环烷酸盐或合成脂肪酸盐等。

7. 加强静电安全管理

在有静电危险的企业，静电安全管理应当是企业整体性的管理，而不应当是局部性管理。静电安全管理包括静电标准和规范的制定、静电安全教育、操作规程管理等内容。

工作中应尽量不搞可使人带电的活动；合理使用规定的防护用品；工作时应有条不紊，避免急性动作；在防静电的场所不得携带与工作无关的金属物品；不准使用化纤材料制作的拖布或抹布擦洗物品及地面。

企业的安全生产管理者应重视静电在化工生产中的危害，把静电的危害通过合理的安全措施予以消除，从而保证企业安全生产，避免事故的发生。

三、防静电产品简介

防静电产品种类很多，在各行各业有着广泛的应用，主要应用于大规模、集成电路洁净车间、电子仪器制造车间、军火及易燃易爆的场所、石油化工车间、电脑机房、各类通信机房、医院手术室、麻醉室、氧吧间及其他管线敷设比较集中和防静电的场所。

1. 静电安全工作台

由工作台、防静电桌垫、腕带接头和接地线等组成。防静电桌垫上应有两个以上的腕带接头，一个供操作人员用，一个供技术人员或检验人员使用。并配有电缆配置盒，具有若干组多功能电源插座和照明系统。静电安全工作台如图3-1所示。

图 3-1　静电安全工作台　　　图 3-2　防静电腕带　　　图 3-3　防静电容器

2. 防静电腕带

直接接触静电敏感器件的人员必须带防静电腕带，腕带与人体皮肤应有良好接触，腕带系统对地电阻值应 1MΩ。防静电腕带如图 3-2 所示。

3. 防静电容器

生产场所的元件盛料袋、周围箱、PCB 上下料架等应具备静电防护作用，不允许使用金属和普通容器，所有容器都必须接地。表面电阻 $10^4 \sim 10^6 \Omega$。防静电容器如图 3-3 所示。

4. 防静电工作服

进入静电工作区的人员和接触 SMD 元器件的人员必须穿防静电工作服，特别是在相对湿度小于 50% 的干燥环境中（如冬季），工作服面料应符合国家有关标准。防静电工作服如图 3-4 所示。

5. 防静电工作鞋

鞋底采用导电橡胶制成，鞋面为防静电帆布或 PVC。进入工作区的人员必须穿防静电工作鞋。穿普通鞋的人员应使用导电鞋束、防静电鞋套或脚跟带。防静电工作鞋如图 3-5 所示。

6. 防静电手套

防静电手套可分为铜纤维 PU 涂指导电手套、铜纤维涂指导电手套、铜纤维导电手套等多种。防静电手套如图 3-6 所示。

图 3-4　防静电工作服　　　图 3-5　防静电工作鞋　　　图 3-6　防静电手套

第三节　雷电危害及防范

雷电是一种自然现象，是一部分带电的云层与另一部分带异种电荷的云层，或者是带电的云层对大地之间迅猛的放电。这种迅猛的放电过程产生强烈的闪电并伴随巨大的声音。当然，云层之间的放电主要对飞行器有危害，对地面上的建筑物和人畜没有太大的影响。然而，云层对大地的放电则对建筑物、电子电气设备和人畜危害很大。

一、雷电特点及种类

1. 雷电的特点

雷电放电是由带电荷的雷云引起的。雷云带电原因的解释很多,但还没有获得比较满意的一致认识。一般认为雷云是在有利的大气和大地条件下,由强大的潮湿的热气流不断上升进入稀薄的大气层冷凝的结果。强烈的上升气流穿过云层,水滴被撞分裂带电。轻微的水沫带负电,被风吹得较高,形成大块的带负电的雷云;大滴水珠带正电,凝聚成雨下降,或悬浮在云中,形成一些局部带正电的区域。实测表明,在 5~10km 的高度主要是正电荷的云层,在 1~5km 的高度主要是负电荷的云层,但在云层的底部也有一块不大区域的正电荷聚集。雷云中的电荷分布很不均匀,往往形成多个电荷密集中心。每个电荷中心的电荷约为 0.1~10C,而一大块雷云同极性的总电荷则可达数百库仑。因此,在带有大量不同极性或不同数量电荷的雷云之间,或雷云和大地之间就形成了强大的电场。随着雷云的发展和运动,一旦空间电场强度超过大气游离放电的临界电场强度(大气中的电场强度约为 30kV/cm,有水滴存在时约为 10kV/cm)时,就会发生云间或对地的火花放电,产生强烈的光和热,使空气急剧膨胀振动,发生霹雳轰鸣。这就是产生闪电伴随雷鸣即雷电的缘故。

雷电流放电电流非常大,幅值高达数十至数百千安;放电时间极短,大约只有 50~100μs;波头陡度高,可达 50kA/s,属高频冲击波。雷电感应所产生的电压高达 300~500kV,直击雷冲击电压高达 MV 级,放电时产生的温度达 2000K。

2. 雷电种类

造成危害的雷电通常有以下四种。

(1) 直击雷击 直击雷击又称直击雷,是带电的云层与大地上某一点之间发生迅猛的放电现象,其破坏作用最大。当强大的雷电流流经地面时,一是雷直接击在建筑物上发生热效应作用和电动力作用,容易引起火灾;二是雷电的二次作用,即雷电流产生的静电感应和电磁感应,容易引起电子设备的损坏和电气设备绝缘层损坏。直击雷通常一次只能袭击一个小范围的目标。

(2) 雷电感应 雷电感应又称感应雷或间接雷,可分为静电感应和电磁感应两种。静电感应形成是由于雷云接近地面时,在地面凸出物顶部感应出大量异性电荷。当直击雷发生以后,云层带电迅速消失,而地面某些范围由于散流电阻大,以致出现局部高电压,或者由于直击雷放电过程中,强大的脉冲电流对周围的导线或金属物产生电磁感而出现高电压以致发生闪击的现象,称为"二次雷"或称"感应雷"。感应雷虽然没有直击雷猛烈,但其发生的概率比直击雷高得多。高电压可造成室内导线、金属管道和设备之间放电,导致火灾的发生或电气设备的损坏。

感应雷不论雷云对地闪击或者雷云对雷云之间闪击,都可能发生并造成灾害。此外,一次雷闪击都可以在较大的范围内的多个小局部同时产生感应雷过电压现象,这种感应高压通过电力线、电话线等传输到很远,致使雷害范围扩大。

(3) 球形雷 球形雷是一种特殊的雷电现象,简称球雷,一般是橙色或红色,或似红色火焰的发光球体(也有带黄色、绿色、蓝色或紫色的),直径一般约为 10~20cm,最大的直径可达 1m,存在的时间大约为百分之几秒至几分钟,一般是 3~5s,其下降时有的无声,有的发出"嘶嘶"声,一旦遇到物体或电气设备时会产生燃烧或爆炸,主要是沿建筑物的孔洞或开着的门窗进入室内,有的由烟囱或通气管道滚进楼房,多数沿带电体消失。

（4）雷电侵入波　雷电侵入波又称为高电位侵入波。由于雷击，在架空线路或金属管道上产生高压冲击波，沿线路或管道的两个方向迅速传播，侵入室内。

由于雷电电流有极大峰值和陡度，在它周围出现瞬变电磁场，处在该瞬变电磁场中的导体会感应出较大的电动势，而此瞬变电磁场都会在空间一定的范围内产生电磁作用，也可以是脉冲电磁波辐射，这种空间雷电电磁脉冲波在三维空间范围里对一切电子设备发生作用。因瞬变时间极短或感应的电压很高，以致产生电火花，其电磁脉冲往往超过2.4G❶。银行、邮电、机房或应用微机进行货币存取、信息传递与交换，其对磁脉冲承受限度一般小于0.007G，所以应对防雷与磁屏蔽措施给予充分的重视。

3. 雷电参数

雷电参数包括雷暴日、雷电流幅值、雷电流陡度、地面落雷密度、雷电过电压。

（1）雷暴日　与雷电活动的频繁程度有关的参数。采用雷暴日为单位，在一天中只要听到雷声就是一个雷暴日。也可以用雷暴小时为单位，即在1h内只要听到雷声就是一个雷暴小时。在我国的大部分地区一个雷暴日约为3个雷暴小时。

一般用年平均雷暴日数来衡量雷电活动的频繁程度，单位为d/a，雷暴日数愈大，说明雷电活动愈频繁。

例如：我国广东省的雷州半岛（琼州半岛）和海南岛一带雷暴日数在80d/a以上，北京、上海约为40d/a，天津、济南约为30d/a等。

我国把年平均雷暴日不超过15d/a的地区划为少雷区，超过40d/a划为多雷区。

（2）雷电流幅值　雷电流幅值与雷云中电荷有关，是个随机的变化量。我国的雷电流幅值经过统计，其概率大约每100次雷中有12次雷电流其幅值超过100kA，有1/3的雷其幅值超过50kA，有60%的雷其幅值超过20kA，80%的雷其幅值超过10kA。

（3）雷电流陡度　雷电流陡度是指雷电流随时间上升的速度。雷电流冲击波波头陡度可达到50kA/μs，平均陡度约为30kA/μs。雷电流陡度越大，对电气设备造成的危害也越大。

（4）地面落雷密度　每平方公里每雷暴日的地面落雷次数叫地面落雷密度。用希腊字母γ表示，这个数值各个国家是不同的，我们国家的γ取0.015。

（5）雷电过电压　由雷电直接对地面物体放电或雷电感应而引起的过电压统称为雷电过电压。分为直击雷过电压、感应雷过电压、雷电波侵入过电压和雷击电磁脉冲（电涌电压）。

二、雷电危害

由于雷电具有电流很大、电压很高、冲击性很强等特点，有多方面的破坏作用，且破坏力很大。就其破坏因素来看，雷电具有机械效应、热效应和电气效应三方面的破坏作用。

1. 机械效应

雷电流流过建筑物时，使被击建筑物缝隙中的气体剧烈膨胀，水分充分汽化，导致被击建筑物破坏或炸裂甚至击毁，以致人畜伤亡及设备损坏。

2. 热效应

一是雷击放电产生的高温电弧，可直接引燃邻近的可燃物；二是雷电流通过导体时，在极短的时间内产生大量的热能，可烧断导线，烧坏设备，引起金属熔化、飞溅而造成火灾及停电事故。

---

❶　$1G=10^{-4}T$，下同。

3. 电气效应

雷电引起大气过电压,可使电气设备和线路的绝缘损坏。绝缘损坏可毁坏发电机、电力变压器、断路器,引起短路,导致火灾或爆炸事故;绝缘损坏后,可能导致高压窜入低压,在大范围内带来触电的危险;雷电产生闪烁放电,电火花也可能引起火灾或爆炸,二次放电也能造成电击,可导致开关掉闸,线路停电,甚至高压窜入低压;数十至数百千安的雷电流流入地下,可能导致接触电压电击和跨步电压的触电事故,造成人身伤亡。

三、雷电防范

雷云的形成与气象条件有关,也与地形有关。当雷云形成之后,雷云对大地哪一点放电,因素复杂多变,但客观上仍存在一定的规律。

通常雷击点选择在地面电场强度最大的地方,也就是在地面电荷最集中的地方。在地面上特别突出的地方,离雷云最近,其尖端电场强度最大。地面上导电良好和地形特别突出的地方,如旷野中孤立的大树、高塔、房屋群中最高的建筑物的尖顶、屋脊、烟囱、避雷针、避雷线等,都是最容易遭受雷击的地方。

避雷针主要用来保护露天变配电设备、建筑物和构筑物;避雷线主要用来保护电力线路;避雷网和避雷带主要用来保护建筑物;避雷器主要用来保护电力设备。

1. 雷电防范是综合性的系统工程

雷电的侵袭是无孔不入的,因此防雷是综合性的系统工程,所采取的技术措施也是多方面的。任何单一的防护措施,其效果都是有限的。这些防护措施和技术可概括为三个部分(外部防护、过渡防护、内部防护)和五项技术(拦截、屏蔽、均压、分流和接地)。不同部分和各项技术都有其重要作用,相互之间紧密联系,不能将它们割裂开来,也不存在替代性。

(1) 外部防护 外部防护主要解决对建筑物外部空间如何截雷,把雷电流向大地中泄放的问题。

直击雷防范就是通过采用避雷针、避雷带、避雷线、避雷网作为接闪器,把雷电流接收下来,然后经引下线通过良好的接地装置迅速而安全地把绝大部分雷电能量直接导入地下送回大地,有效地抵御了雷击对建筑物结构的直接破坏,保证了建筑物内人员不致因跨步电压升高导致触电死亡。

有了完善的直击雷防范系统,并非万无一失了,同时也增加了感应雷机会,对设置在建筑物内的电子系统容易造成损坏。这是因为避雷针接闪后,强大的雷击电流沿引下线入地过程中,由于雷电流陡度的作用,会在雷电流引下路径上产生一个强大的瞬变磁场,处在这个瞬变磁场作用范围内的所有用电器、信号线、电源及它们的传输线路都因相对地切割了这个瞬变磁场而感应高电压。在雷击路径数百米范围内的电子设备均有感应高压损坏的可能。所以建筑物防雷设置反而增加了感应雷机会,增加了电子系统受雷击的可能性。在现代防雷工程设计过程中,应该兼顾建筑物内部的过电压防护。

(2) 过渡防护 过渡防护由合理的屏蔽、接地、布线组成,可减少或阻塞通过各入侵通道引入的感应。应采用有效屏蔽、重复接地等办法,避免架空导线直接进入建筑物楼内及机房设备,尽可能采用埋地电缆进入,并用金属导管屏蔽,屏蔽金属导管在进入建筑物或机房前重复接地,最大限度衰减从各种导线上引入雷电高电压。

(3) 内部防护 内部防护系统主要是对建筑物内易受过电压破坏的电子设备加装过电

压保护装置，在设备受到过电压侵袭时，防雷保护装置能快速动作泄放能量，从而保护设备免受损坏。由均压等电位连接、过电压保护组成，可均衡系统电位，限制过电压幅值。

内部防护主要考虑以下方面。

① 电源防雷系统。电源防雷系统主要是为了防止雷电波通过电源线路而对相关设备如计算机造成危害。为避免高电压经过避雷器对地泄放后的残压过大，或因更大的雷电流在击毁避雷器后继续毁坏后续设备，以及防止线缆遭受二次感应，应采取分级保护、逐级泄流原则。一是在电源的总进线处安装放电电流较大的首级电源避雷器；二是在重要楼层或重要设备电源的进线处加装次级或末级电源避雷器。为了确保遭受雷击时，高电压首先经过首级电源避雷器，然后再经过次级或末级电源避雷器，首级电源避雷器和次级电源避雷器之间的距离要大于5~15m。如果两者间距不够，可采用带线圈（退耦）的防雷箱，这样可以避免次级或末级电源避雷器首先遭受雷击而损坏。

② 信号防雷系统。由于雷电波在线路上能感应出较高的瞬时冲击能量，因此要求消防报警设备、视频监控设备、计算机网络设备等网络通信设备能够承受较高能量的瞬时冲击，防止设备在雷电波冲击下遭受过电压而损坏、失灵等事故的发生。

③ 等电位连接。在雷电防范中，等电位连接是关键。雷电侵袭的瞬间（纳秒级），接地系统起到了泻流和等电位的作用，为保证雷击时雷电流能迅速泻入大地和不产生电位差，接地电阻和等电位连接一定要良好，并以最短的线路连到最近的等电位连接带或其他已做了等电位连接的金属物上，且各导电物之间尽量附加多次相互连接，避免人员伤亡和击坏设备。

2. 雷电防护基本原则

(1) 综合性原则 雷电的防护问题，应从直击雷的防护、雷电感应的防护进行全面的考虑。直击雷防护还要注意接闪系统、接地系统，雷电感应还要考电源系统、信号系统、等电位系统等。假如雷电的防护应注意五个方面问题，但如果只注意了四个方面，它的安全系数并非80%，其实际安全系数可能只有10%。造成这一现象的原因是因为雷电并不是专门袭击防护做得很好的地方，恰恰相反，雷电常常袭击防护最弱、隐患最多的地方。

(2) 系统性原则 系统性原则即雷电防护各方面之间都有着各种联系，不应把各个方面的雷电防护孤立地去看待，而应把雷电防护作为一个系统工程来考虑。例如雷电流的能量是连续的，而避雷器泄流并不连续，因此需用多个避雷器逐级进行泄流，因为避雷器钳位电压越高，其残压也越大。

(3) 实用性原则 实用性原则就是在保证科学、合理、安全的前提下，以尽量低的资金投入，达到降低被保护设备的雷击损坏概率，从而提高设备的安全运行系数。

3. 建筑防雷系统及要求

(1) 建筑物的防雷分级 建筑物根据其重要性、使用性质、发生雷电事故的可能性及后果，按防雷要求分可为三级。

① 一级防雷建筑物。一级防雷建筑物是指具有特别重要用途的建筑物，如国家级档案馆、博物馆、大型铁路枢纽站、国际性的航空港、通信枢纽等。另外还包括国家级重点文物保护的建筑物和构筑物及高度超过100m的建筑物。

② 二级防雷建筑物。二级防雷建筑物是指重要的人员密集的大型建筑物，如部、省级博物馆、通信站、大型商店、影剧院、省级重点文物保护的建筑物等。另外还包括19层以

上的住宅建筑和高度超过50m的其他民用建筑物等。

③ 三级防雷建筑物。指当年计算雷击次数大于0.05的建筑物、建筑群中最高或位于建筑物边缘高度超过20m的建筑物、高度为15m以上的烟囱和水塔等孤立的建筑物或构筑物，在雷电活动较弱地区（年平均雷暴日不超过15天）其高度可为20m以上以及历史上雷害事故严重地区或雷害事故较多地区的较重要建筑物等。

(2) 不同级别建筑物的防雷保护措施

① 一级防雷建筑物的保护措施。防直击雷的接闪器应采用装设在屋角、屋脊、屋檐上的避雷带，并在屋面上装设不大于10m×10m的网格。

为了防止雷电波的侵入，进入建筑物的各种线路及金属管道宜采用全线埋地引入，并在入户端将电缆的金属外皮、钢管及金属管道与接地装置连接。

对于高层建筑，应采取防侧击雷和等电位措施。

② 二级防雷建筑物的保护措施。防直击雷宜采用装设在屋角、屋脊、屋脊上的环状避雷带，并在屋面上装设不大于15m×15m的网格。

为了防止雷电波的侵入，对全长低压线路采用埋地电缆或在架空金属线槽内的电缆引入，在入户端将电缆金属外皮、金属线槽接地，并与防雷接地装置相连。

其他防雷措施与一级防雷措施相同。

③ 三级防雷建筑物的保护措施。防直击雷宜在建筑物屋角、屋檐、屋脊上装设避雷带或避雷针，当采用避雷带保护时，应在屋面上装设不大于20m×20m的网格。对防直击雷装置引下线的要求，与一级防雷建筑物的保护措施对防直击雷装置引下线的要求相同。

为了防止雷电波的侵入，应在进线端将电缆的金属外皮、钢管等与电气设备接地相连。若电缆转换为架空线，应在转换处装设避雷器。

此外要特别注意保持避雷针的良好导电性，一旦有一处连接不好或断了，断口以上的一段就成为一个隔离的导电系统。当云中有电荷时，这隔出的部分上部感应出与云中电异号的电荷，而下部感应出与云中电同号的电荷，如果上部和云中电起放电作用，强大的放电电流只能通过建筑物放出大量热量，于是引起雷击。这样不但不能避雷，反而招来雷祸。为防意外，较大建筑物最好竖起几条避雷针。

④ 有爆炸和火灾危险的建筑物防雷保护措施。对存放有易燃易爆物品的建筑物，由于电火花可能造成爆炸和燃烧，故对这类有爆炸危险建筑物的防雷要求相当严格。对于直击雷、雷电感应和沿架空线侵入的高电位，还应增加避雷网或避雷带的引下线，其间距为18～24m。防雷系统和内部的金属管线或金属设备的距离不得小于3m。采用避雷针保护时，必须高出爆炸性气体的放气管管顶3m，其保护范围也应高出管顶1～2m。建筑物附近有高大树木时，如不在保护范围之内，树木应与建筑物保持3～5m的净距。

4. 避雷器、避雷针简介

(1) 避雷器　避雷器通常接于带电导线与地之间，与被保护设备并联。当过电压值达到规定的动作电压时，避雷器立即动作，流过电荷，限制过电压幅值，保护设备绝缘；电压值正常后，避雷器又迅速恢复原状，以保证系统正常供电。避雷器的类型主要有保护间隙、阀型避雷器和氧化锌避雷器，避雷器如图3-7所示。

(2) 避雷针　安装避雷针是避免雷击的有效方法。避雷针主要有标准避雷针、球形单针避雷针、球形多针避雷针等结构形式。避雷针如图3-8所示。

图 3-7 避雷器

图 3-8 避雷针

第四节 电磁危害及防护

随着现代科技的高速发展,一种看不见、摸不着的污染源日益受到各界的关注,这就是被人们称为"隐形杀手"的电磁辐射。今天,越来越多的电子、电气设备的投入使用使得各种频率的不同能量的电磁波充斥着地球的每一个角落乃至更加广阔的宇宙空间。对于人体这一良导体,电磁波不可避免地会构成一定程度的危害。电磁辐射已成为继水污染、大气污染、噪声污染之后当今人们生活中的第四大污染。

一、电磁辐射

电磁辐射就是能量以电磁波的形式通过空间传播的现象。它的传播速度即为人们通常所说的光速。电磁辐射可按其波长、频率排列成若干频率段,形成电磁波谱。频率越高该辐射的量子能量越大,其生物学作用也越强。

常见的电磁辐射的来源主要有两类:第一类是天然电磁辐射,如雷电、火山喷发、地震和太阳黑子引起的磁暴等;第二类是由人类造成的人工电磁辐射。电磁辐射的来源见表3-1。一般来说,雷达系统、电视和广播发射系统、射频感应及介质加热设备、射频及微波医疗设备、各种电加工设备、通信发射台站、卫星地球通信站、大型电力发电站、输变电设备、高压及超高压输电线、地铁列车及电气火车以及大多数家用电器等都是可以产生各种形式、不同频率、不同强度的电磁辐射源。

表 3-1 电磁辐射的来源

来源	具体表现形式
电波发射设施	如广播、电视发射塔等
通信设施	如人造卫星通信系统的地面站、雷达系统的雷达站、移动通信塔等
各种高频设备	如高频淬火机、高频焊接机、高频烘干机、家用微波炉等
交通设备	如电气化铁道、电车等
电力设备	如高压电线路、变电站等

二、电磁辐射危害

电磁辐射对人体造成伤害,其实早就有记录,近年来,国内外媒体对电磁辐射有害的报道一直不断。我国每年出生的 2000 万儿童中,有 35 万为缺陷儿,其中 25 万为智力残缺,究其原因，电磁辐射是影响因素之一。

电磁辐射无色、无味、无形，人们也许每天暴露在不同电磁辐射的累积中而不知道，因为电磁辐射对人体的影响是缓慢而间接的，也正因为如此，它的危害性很容易被人们所忽略。

电磁辐射的生物效应通常是指微波频段（300～300,000MHz）、射频段（0.1～300MHz）的电磁波辐射和电力频段（50Hz或60Hz）高压输电线路周围环境电磁场对生物体所产生的各种生理影响。电磁辐射的生物效应对人体各部位的影响见表3-2。

表3-2 电磁辐射的生物效应对人体各部位的影响

剂量	影响程度	剂量	影响程度
0.1Gy	可导致胎儿畸形	3.0Gy	可导致皮肤红斑脱毛
0.5Gy	导致恶心呕吐	5.0Gy	可导致白内障、肺致死性损伤
1.0Gy	可导致骨髓早死	10Gy	可导致肺坏死、甲状腺水肿

注：Gy为电磁辐射吸收剂量，1Gy=1J/kg。

微波频段的电磁波辐射比射频段的电磁波辐射具有更强的生物作用，这些作用按其机理可分为致热效应、非致热效应和累积效应。

1. 致热效应

组成人体细胞和体液的分子大都是极性分子（如胶体颗粒、水），在高频电场作用下，原来无规则排列的分子沿电场方向排列起来，由于高频电场方向变化很快，极性分子在改变取向时与四周粒子发生碰撞而产生热效应。

2. 非致热效应

人体的器官和组织都存在微弱的电磁场，它们是稳定和有序的，一旦受到外界电磁场的干扰，引起人体细胞膜的共振，干扰人体生物电，尤其会对脑和心电产生干扰，机体也会遭受损伤。机体的损伤还与电磁波的频率有很大的关系。

3. 累积效应

热效应和非热效应作用于人体后，对人体的伤害尚未来得及自我修复之前，如再次受到电磁波辐射，其伤害程度就会发生累积，久而久之会成为永久性病态，危及生命。对于长期接触电磁波辐射的群体，即使功率很小，频率很低，也可能会诱发意想不到的病变。

三、电磁辐射防护

电磁辐射的防护可分为主动防护与个体防护。主动防护就是减少电磁外辐射量，个体防护则是采用相关防护用具。

1. 电磁屏蔽

所谓电磁屏蔽就是采用一些方法，将电磁辐射的作用和影响限定在指定的空间范围内，其目的是阻碍电磁辐射在空间的传播和扩散。电磁屏蔽除了在工业生产上有其特有的作用外，在电磁污染的防护方面也是一种较为有效的方法。对于不同的对象和要求，目前采用的屏蔽方法一般有以下几种。

① 设置屏蔽网。屏蔽网由金属（片、网）所构成，多用于大型机械组成或控制室的主动场屏蔽。

② 给设备安装屏蔽罩。这是小型仪器屏蔽的主要方法，屏蔽所用材料一般要求是电阻率小的导电性材料，如铜、铝等。

2. 个体防护

一般来说，作业人员所处环境的电磁场强度超过国标限值或者作业人员所处环境的电磁场强度未超过国标限值，但与此限值比较接近，而作业人员又需要长时间在此环境工作时，都应考虑电磁防护及采用辐射防护用品。

个体防护可考虑以下措施。

① 穿戴屏蔽服、屏蔽头盔和屏蔽眼镜等个人防护用具。防辐射服装是利用服装内金属纤维构成的环路产生感生电流，由感生电流产生反向电磁场进行屏蔽。因此，穿戴屏蔽服可以有效地降低电磁辐射强度，以保护从事接触电磁辐射工作人员的身体健康。

选用个体防护产品时，应首先确定电磁辐射的衰减度，然后参照各种产品说明中对电磁波的衰减参数，确定使用何种形式的防护用品。降低电磁辐射方面的个体防护用品主要包括防护服装、防护眼镜及辐射防护屏。电磁辐射防护服、防护屏如图 3-9、图 3-10 所示。

图 3-9　电磁辐射防护服

图 3-10　电磁辐射防护屏

② 应根据规范，保持安全操作距离，尽量避免长时间操作并保持室内空气流通。

③ 电器使用完毕，就切断电源，以减少微量电磁辐射和累积。

④ 多食富含维生素 C 的食物，以利于调节人体电磁场紊乱。

复习思考题三

一、简答题

1. 静电是如何产生的？产生静电的内因和外因有哪些？
2. 简述静电的特点。
3. 静电的危害有哪些？
4. 影响静电的因素有哪些？
5. 简述静电灾害的消减原则和控制方法。
6. 简述雷电种类和特点。
7. 简述雷暴日、雷电流幅值的含义。
8. 雷电具有哪些特点？雷电破坏作用有哪些？
9. 简述雷电防范系统的组成。
10. 简述雷电防护基本原则。
11. 防止直击雷的保护装置有哪几种？
12. 有爆炸和火灾危险的建筑物防雷保护措施有哪些？
13. 简述避雷针的作用及防护范围。

14. 如何选择避雷器？
15. 什么是电磁辐射？电磁辐射的危害有哪些？
16. 简述电磁辐射防护方法。
17. 为什么穿戴屏蔽服可以有效地降低电磁辐射强度？

二、填空题

1. 雷云的形成与_____有关，也与_____有关。
2. 通常雷击点选择在地面电场强度_____的地方，也就是在地面电荷_____的地方。
3. 消除管线上的静电主要是做好_____。
4. 电磁辐射源有两大类：一类是_____；一类是_____。
5. 为防止静电火花引起事故，凡是用来加工、储存、运输各种易燃气、液、粉体的设备金属管、非导电材料管都必须_____。

第四章　爆炸危险场所电气安全技术

> **学习目标**
>
> 通过对本章的学习，应达到以下目的。
> 1. 认识电气火灾爆炸事故，熟悉电气火灾爆炸特点、产生原因，理解电气防火防爆的必要性。
> 2. 认识爆炸危险物质、危险场所，熟悉爆炸危险物质、场所类型及等级，了解爆炸危险场所、区域范围、等级确定方法及原则。
> 3. 理解电气设备防爆原理，熟悉电气设备防爆类型、特性、防爆标识，具有识别电气设备防爆性能的能力。
> 4. 掌握爆炸危险场所防爆电气设备的选择原则，并熟悉选择方法。
> 5. 了解防火防爆的基本安全原则，熟悉并掌握电气防火防爆的基本要求及措施。
> 6. 熟悉防爆电气设备的运行维护与检修内容及要求。
> 7. 了解消防供电要求，熟悉电气火灾特点，掌握电气灭火方法。

第一节　电气火灾爆炸

一、电气火灾爆炸条件

火灾爆炸产生的条件：引燃源（明火、危险温度、电火花及电弧）、危险物质、危险环境。

电气火灾爆炸事故是指由于电气方面的原因引起的火灾爆炸事故。发生电气火灾爆炸要具备如下条件：首先有易燃易爆物质和环境，其次有电气引燃源。

1. 易燃易爆物质和环境

在生产和生活场所，广泛存在着易燃易爆易挥发物质，其中煤炭、石油、化工和军工等生产部门尤为突出。煤矿中产生的瓦斯气体，军工企业中的火药，石油企业中的石油、天然气，化工企业中的原料、产品，纺织、食品企业生产场所的可燃气体、粉尘或纤维等均为易燃易爆易挥发物质，并容易在生产、储存、运输和使用过程中与空气混合，形成爆炸性混合物。在一些生活场所，乱堆乱放的杂物，木结构房屋明设的电气线路等，都形成了易燃易爆环境。

2. 引燃条件

电能是生产生活中必不可少的能源。生产场所的动力、照明、控制、保护、测量等系统和生活场所的各种电气设备和线路，在正常工作、事故状态中常常会产生电弧、火花和危险的高温，这就具备了引燃或引爆的条件。

① 有些电气设备在正常工作情况下就能产生火花、电弧和危险高温。如电气开关的分合，运行中发电机和直流电机电刷和整流子间，交流绕线电机电刷与滑环间总有或大或小的火花、电弧产生，弧焊机就是靠电弧工作的；电灯和电炉直接利用电流发光，工作温度相当高，100W 白炽灯泡表面温度为 170～216℃，100W 荧光灯管表面温度也在 100～200℃，而碘钨灯管温度高达 500～700℃。

② 电气设备和线路，由于绝缘老化、积污、受潮、化学腐蚀或机械损伤会造成绝缘强度降低或破坏，导致相间或对地短路，熔断器熔体熔断，连接点接触不良，铁芯铁损过大。电气设备和线路由于过负荷或通风不足等原因都可能产生火花、电弧或危险高温。另外，静电、雷电、内部过电压也会产生火花和电弧。

如果生产和生活场所存在易燃易爆物质，当空气中的含量超过其危险浓度，在电气设备和线路正常或事故状态下产生的火花、电弧或在危险高温的作用下，就会造成电气火灾或爆炸。

电气防火防爆，就是为了抑制电气引燃源的产生而采取的各种技术措施和安全管理措施。

二、电气火灾爆炸事故特点

电气火灾与一般性火灾相比，有两个突出的特点。

① 着火后电气装置可能仍然带电，且因电气绝缘损坏或带电导线断落等发生接地短路事故，在一定范围内存在着危险的接触电压和跨步电压，灭火时如不注意或未采取适当的安全措施，会引起触电伤亡事故。

② 有些电气设备本身充有大量的油，例如变压器、油开关、电容器等，受热后有可能喷油，甚至爆炸，造成火灾蔓延并危及救火人员的安全。所以，扑灭电气火灾，应根据起火的场所和电气装置的具体情况，作一些特殊规定。

石油化工企业的生产特点使得电气火灾带来的危害是相当严重的。首先是电气设备本身的损坏、人身伤亡以及随之而来的大面积停电停产；其次在紧急停电中，又可能酿成新的灾害，带来无法估量的损失。因此，石油化工企业特别要注意和防止因电气火灾给生产带来的严重危害。

三、电气火灾爆炸产生原因

电气火灾爆炸产生的原因是多种多样的，例如过载、短路、接触不良、电弧和电火花、漏电、雷电或静电、误操作等都能引起火灾爆炸。

从电气防火防爆角度看，主要原因在于电气防火防爆管理缺陷、电气防火防爆技术不足、电气设备及线路缺陷等。

1. 电气防火防爆制度不完善

电气安全制度不完善，防火防爆安全管理体制建设与生产发展不相适应。

① 针对危险爆炸场所的工程，从规划、设计、设备选择、安装未能严格按照爆炸危险场所的相关标准、规程进行规范，致使工程防火防爆能力先天不足。

② 针对爆炸危险的电气设备运行管理、维护及检修工作制度不健全、不科学，或者管理不严，电气设备或线路隐患未能得到及时消除。

③ 在企业管理方面，一味追求利润，忽视防火防爆措施投入，没有必要的电气火灾爆

炸预防系统，电气事故隐患得不到改善。

④ 忽视电气安全管理和防火防爆安全教育，爆炸场所从业人员的电气安全知识不足，操作与应急处理能力不强，造成事故的发生与扩大。

2. 电气设备及电气线路故障

① 电气设备选型不正确，使电气设备防爆等级不能适用于工作场所，或者电气设备的额定容量小于实际负载容量。

② 电气设备或线路安装不符合安全用电规程、防火防爆规程，致使电气系统性能达不到要求。

③ 检修、维护不及时，使设备或线路长期处于带病运行状态。如绝缘老化短路、接触不良、过电压（过电流）等产生电弧、电火花等。

④ 电气从业人员的防火防爆知识、电气安全知识不足；对电气设备、线路及系统的防火防爆的认识不到位；对电气设备、线路及系统的安全评价、运行检查、维护检修要求等不能满足安全要求，使电气设备、线路存在安全隐患。

3. 雷电与静电

雷电放电时伴随机械力、高温和强烈火花的产生，使建筑物破坏，输电线或电气设备损坏，油罐爆炸，堆场着火。

静电放电时，若产生有足够能量的强烈火花，将使粉尘、可燃蒸气及易燃液体等燃烧起火，甚至引起爆炸。近20多年来，随着石油化工、塑料、橡胶、化纤、造纸、印刷、金属磨粉等工业的发展，静电事故时有发生，消减静电的威胁愈来愈受到人们的重视。

4. 误操作

电气事故分析表明，大量电气火灾爆炸事故均存在人为因素，比如思想麻痹，疏忽大意，不遵守有关防火防爆法规，违犯操作规程等，造成操作过程中产生火花，引发电气火灾爆炸事故。

除此以外，旋转型电气设备因轴承出现润滑不良，干枯产生干磨发热，或虽润滑正常但出现高速旋转等产生摩擦火花；烘烤、电热器具（如电炉、电熨斗等）、照明灯泡，当其安装不当或长期通电无人监护管理时，也可能使附近的可燃物受高温而起火，引发火灾甚至爆炸。

第二节　火灾爆炸危险场所

一、爆炸性危险物质及危险场所等级

在大气条件下，气体、蒸气、薄雾、粉尘或纤维状的易燃物质与空气混合，点燃后燃烧能在整个范围内传播的混合物称为爆炸性混合物。能形成上述爆炸性混合物的物质称为爆炸危险物质。

1. 爆炸性危险物质等级

爆炸性混合物的危险性，是由它的爆炸极限、传爆能力、引燃温度和最小点燃电流决定的。我国对爆炸性物质、危险场所的划分采用与IEC（国际电工委员会）等效的方法，按类别、级别、组别划分。

(1) 类别　国家标准《爆炸性环境防爆电器设备》（GB 3836—2000）、《中华人民共和

国爆炸危险场所电气安全规程》将爆炸性物质分为三类。

Ⅰ类：矿井甲烷。

Ⅱ类：爆炸性气体、蒸气（含薄雾）。

Ⅲ类：爆炸性粉尘、纤维。

对石油化工企业，爆炸性物质主要是Ⅱ类、Ⅲ类。

（2）级别与组别

① 爆炸性气体、蒸气（含薄雾）。Ⅱ类爆炸性气体、蒸气（含薄雾）按最大试验安全间隙（MESG）和最小点燃电流比（MICR）分为A、B、C三级，即ⅡA、ⅡB、ⅡC三级。按A、B、C顺序，最大安全间隙、最小点燃电流比由大到小，危险性增大，见表4-1。

表4-1 爆炸性气体的分类、分级和分组表

类和级	最大试验安全间隙 MESG/mm	最小点燃电流比 MICG	引燃温度(℃)及组别					
			T1 $T>450$	T2 $300<T\leq450$	T3 $200<T\leq300$	T4 $135<T\leq200$	T5 $100<T\leq135$	T6 $85<T\leq100$
Ⅰ	1.14	1	甲烷					
ⅡA	0.9~1.14	0.8~1.0	乙烷、丙烷、丙酮、氯苯、苯乙烯、氯乙烯、甲苯、苯胺、甲醇、一氧化碳、乙酸乙酯、乙酸丙酯、乙酸、乙酸丙烯腈	丁烷、乙醇、丙烯、丁酯、乙酸丁酯、乙酸戊酯、乙酸酐	戊烷、己烷、庚烷、癸烷、辛烷、汽油、硫化氢、环己烷	乙醚、乙醛		亚硝酸乙酯
ⅡB	0.5~0.9	0.45~0.8	二甲醚、民用煤气、环丙烷		环氧乙烷、环氧丙烷、丁二烯、乙烯	异戊二烯		
ⅡC	≤0.5	≤0.45	水煤气、氢气、焦炉煤气	乙炔			二硫化碳	硝酸乙酯

Ⅱ类爆炸性气体、蒸汽（含薄雾），按引燃温度的高低，分为T1、T2、T3、T4、T5、T6六组。引燃温度愈低的物质，愈容易引燃。见表4-1。

a. 最大试验安全间隙（MESG）——两个容器由长为25mm、宽（即间隙）为某值的接合面连通，在规定试验条件下，一个容器内燃爆时，不致使另一个容器内燃爆的最大连通间隙。此参数是衡量爆炸性物品传爆能力的性能参数。

b. 最小点燃电流比（MICR）——在温度为20~40℃、压力1atm❶、电压为24V、电感为95mH的试验条件下，采用IEC标准火花发生器对空心电感组成的直流电路进行3000次火花试验，能够点燃最易点燃混合物的最小电流。此最小点燃电流与甲烷爆炸性混合物的最小点燃电流之比即最小点燃电流比。

c. 爆炸性混合物，在规定试验条件下不需要用明火即能引燃的最低温度，称为引燃温度。

② 爆炸性粉尘混合物。Ⅲ类爆炸性粉尘混合物级别、组别根据粉尘特性（导电或非导电）和引燃温度高低分为ⅢA、ⅢB二级，T11、T12、T13三组。参见表4-2。

---

❶ 1atm=101325Pa，下同。

表 4-2 爆炸性粉尘传爆级别、组别

级别和种类		引燃温度(℃)及组别		
		T11	T12	T13
		$T>270$	$200<T\leqslant270$	$140<T\leqslant200$
ⅢA	非导电性可燃纤维	木棉纤维、烟草纤维、纸纤维、亚硫酸盐纤维、人造毛短纤维、亚麻	木质纤维	硝化棉、吸收药、黑索金、特屈儿、泰安
	非导电性爆炸性粉尘	小麦、玉米、砂糖、橡胶、染料、酚醛树脂、聚乙烯	可可、米糖	
ⅢB	导电性爆炸性粉尘	镁、铝、铝青铜、锌、钛、焦炭、炭黑	铝(含油)、铁、煤	
	火炸药粉尘		黑火药、TNT	

2. 爆炸性危险场所等级

凡有爆炸性混合物出现或可能有爆炸性混合物出现，且出现的量足以要求对电气设备和电气线路的结构、安装、运行采取防爆措施的环境，或者"指在易燃易爆物质的生产、使用和储存过程中，能够形成爆炸性混合物，或爆炸性混合物能够侵入的场所"称为爆炸危险环境。

场所分类的目的，是为了使用于该类爆炸危险场所的防爆电气设备的选型和安装具有足够的安全性和良好的经济性。因为在使用可燃性物质的危险场所，要保证爆炸性气体环境永不出现是困难的。同样，要确保使用于危险场所的电气设备永不成为点燃源也是困难的。因此，危险性大的场所（即出现爆炸性气体环境可能性大的场所）应选择安全性能高的防爆电气设备类型。反之，对于危险稍小的场所（即出现爆炸性气体环境可能性稍小的场所），可选择安全性稍低（但仍具有足够安全性）、价格相对便宜的防爆电气设备类型。

火灾爆炸危险环境区域类别及其分区方法，借鉴国际电工委员会（IEC）的标准，《中华人民共和国爆炸危险场所电气安全规程》根据易燃易爆物质在生产、储存、输送和使用过程中出现的物理和化学现象的不同，以不同级别的释放源为依据，按发生火灾爆炸的危险程度以及危险物品状态，将火灾爆炸性危险区域划分为三类八区。

（1）爆炸危险性环境　第一类（爆炸性气体环境）是指爆炸性气体、可燃液体蒸气或薄雾等可燃物质与空气混合形成爆炸性混合物的环境。根据爆炸性混合物出现的频繁程度和持续时间划分为 0 区、1 区、2 区三个区域，如表 4-3 所示。

表 4-3 爆炸危险环境区域划分

爆炸性气体环境危险区域	0 区	连续出现或长期出现爆炸性气体混合物的环境
	1 区	在正常运行时，可能出现爆炸性气体混合物的环境
	2 区	在正常运行时，不可能出现爆炸性气体混合物的环境，即使出现也仅是短时存在的爆炸性气体混合物的环境
爆炸性粉尘环境危险区域	10 区	连续出现或长期出现爆炸性粉尘的环境
	11 区	有时会将积留下的粉尘扬起而偶然出现爆炸性粉尘混合物的环境

第二类（爆炸性粉尘环境）是爆炸性粉尘和可燃纤维与空气形成的爆炸性粉尘混合物环境。根据爆炸性粉尘混合物出现的频繁程度和持续时间划分为 10 区、11 区两个区域。

爆炸和火灾危险区域类别及其分区，如表 4-3 所示。

注释表 4-3 中两个名词。

正常运行：是指正常启动、运转、操作和停止的一种工作状态或过程，当然也包括产品从设备中取出和对设备开闭盖子、投料、除杂质以及对安全阀、排污阀等的正常操作。

不正常情况：是指因容器、管路装置的破损故障、设备故障和错误操作等，引起爆炸性混合物的泄漏和积聚，以致有产生爆炸危险的可能性。

（2）火灾危险性环境　第三类（火灾危险性环境）是指生产、加工、处理、运转或储存闪点高于环境温度的可燃液体，不可能形成爆炸性粉尘混合物的悬浮状、堆积状可燃粉尘或可燃纤维以及其他固体状可燃物质，并在数量上和配置上能引起火灾危险的环境。根据火灾事故发生的可能性和后果，以及危险程度及物质状态的不同划分为21区、22区、23区三个区域，如表4-4所示。

表4-4　火灾危险环境区域划分

火灾危险区域	21区	具有闪点高于环境温度的可燃液体，在数量和配置上能引起火灾危险的环境
	22区	具有悬浮状、堆积状爆炸性或可燃性粉尘，虽不可能形成爆炸性混合物，但在数量和配置上能引起火灾危险的环境
	23区	具有固体状可燃物质，在数量和配置上能引起火灾危险的环境

二、爆炸危险场所区域等级判断依据

场所中的可燃性物质出现的数量是决定场所危险性的关键，而场所中可燃性物质的出现，主要取决于可燃性物质释放源及影响可燃性物质积聚的通风状况。因此判断场所危险性的主要依据为释放源级别、通风条件，同时考虑场所中危险物质特性。

1. 释放源状态

释放源指的是在爆炸危险区域内，可能释放出形成爆炸性混合物的物质所在的位置和处所。释放源是划分爆炸危险区域的基础。

释放源分为以下四个级别。

（1）连续释放源：连续释放、长时间释放或短时间频繁释放　如没有用惰性气体覆盖的固定顶盖储罐中的易燃液体的表面；直接与空间接触的易燃液体的表面（可适用于油、水分离器等）；经常或长期向空间释放易燃液体或易燃液体蒸气的自由排放口和其他出口。

（2）一级释放源：正常运行时周期性释放或偶然释放　如在正常运行时会释放易燃物质的泵、压缩机和阀门等密封处；安装在储有易燃物质容器上的排水系统；正常运行时会向空间释放易燃物质的取样点。

（3）二级释放源：正常运行时不释放或不经常且只能短时间释放　如正常运行时不能出现释放易燃物质的泵、压缩机和阀门的密封处；正常运行时不能释放易燃物质的法兰、连接件和管道接头；正常运行时不能向空间释放易燃物质的安全阀、排气口和其他孔口处；正常运行时不能向空间释放易燃物质的取样点。

（4）多级释放源：包含上述两种及以上释放特征的释放源　判断为多级释放源，应按其最高等级释放源对待。

释放源确定原则如下。

① 查清在正常情况下释放源可能出现的具体部位，以及可能发生的释放量、释放速度、释放方向、释放时间、释放规律和频度，并研究其所在空间可能分布的范围。

② 从装置和设备遭受破坏的难易，误操作的可能性的大小来考虑不正常情况释放源状态。

如容器结构强度若能具备爆炸性物质所要求的安全性能并且也无打开的条件，不装阀门、接头、仪表等的管道设备，可不视为释放源。但由于装置和设备的陈旧或强度降低，视其有无摩擦、碰撞、振动、腐蚀性物质以及内外力等情况来分析，有可能成为破坏条件者，即认为有被破坏的可能；在操作系统上不具备防止误操作的控制机构者应视为有误操作的可能。

③ 释放源所在区域的环境条件和安全技术措施，将影响爆炸性混合物所在空间可能分布浓度、范围、存在时间的长短。

如有洼坑、沟槽等部位则易存积爆炸性物质；爆炸性粉尘（纤维）沉积的场所，存在重新卷扬起来的危险。

2. 爆炸性物质的物理特性

（1）爆炸性物质的爆炸上限值、下限值　爆炸下限值是划分等级的重要条件之一。

在正常情况下混合物的浓度有可能达到爆炸下限值时，划分1区，对于存在时间较长以及频繁出现者，则可划为0区。对于爆炸上限以上的混合物，由于遇到与空气混合时，仍具有爆炸性质，因此，这种场合也划为0区。仅在不正常情况下偶尔有可能达到爆炸下限浓度者划为2区。

（2）相对密度　爆炸性物质的相对密度影响爆炸性物质在场所空间的分布规律。

比空气轻的物质具有扩散性，可能在高于释放源的地方及顶部，形成死角；比空气重的物质具有沉积性，在低于释放源的地方，可能造成爆炸性气体或蒸气积聚的凹坑或死角。

（3）引燃温度、闪点　引燃温度、闪点是确定场所引燃温度组别的依据。结合工艺流程中可能产生的最高温度进行综合划分。

（4）叠加效应　叠加效应是指两种以上爆炸性物质混合后，能形成爆炸危险性更高的混合物。叠加效应直接影响爆炸性混合物的爆炸极限范围的扩大，使爆炸下限值降低，爆炸上限值提高而增加了危险性，这种场合必须按最低的爆炸下限值确定。

同一场所存在两种以上爆炸性物质时，需研究其混合物是否具有爆炸危险性的叠加效应。

例如，甲烷和煤尘与空气的混合物产生的叠加效应，根据试验得出表4-5爆炸下限值。

表4-5　产生叠加效应后得出的爆炸下限值

项　目	两种爆炸性物质混合时的爆炸下限值					
悬浮煤尘密度/(g/m^3)	0	10.3	17.4	27.9	37.5	47.8
甲烷体积分数/%	4.8	3.7	3.0	1.7	0.6	0

3. 通风状态

通风条件是划分爆炸危险区域的重要因素。通风的好坏直接影响爆炸危险物质的扩散和排出，即直接影响危险场所内爆炸性混合物的积聚浓度、区域范围。

① 通风方式分为三种类型：自然通风、一般机械通风、局部机械通风。通风状态分为良好、不良（阻碍通风）两种状态。

② 露天或开敞式建筑物、半开敞式建筑物能充分进行自然通风的场所，可视为具有通风良好的场所；屋顶设有天窗的厂房内，爆炸性物质的相对密度在0.7以下者，可视为通风良好场所；厂房内具有机械通风条件者，整个厂房内能充分通风换气时，可视为通风良好的场所。

对于通风良好的爆炸危险场所，危险性原则上可降低一级，并可大大缩小其影响范围。

③ 不能通风或通风不畅的室内、危险源地处室外但周围存在通风障碍的场所、洼坑、沟槽等部位，视为通风不良或障碍通风场所。

对于通风不畅的场所，其危险性应提高一级。

三、爆炸危险场所区域等级及范围划分

1. 非危险区的判断

非危险场所是指在正常或非正常情况下，均不能产生爆炸性混合物（气体、粉尘）的场所。

是否为非危险场所，必须首先查清场所中是否存在正常工作与非正常工作下的释放源，评估场所是否有被危险物质侵入的危险。

非危险区应符合下列条件之一。

① 正常或非正常情况下没有释放源并不可能有易燃物质侵入的区域。
② 易燃物质可能出现的最高浓度不超过爆炸下限的10%的区域。
③ 在生产装置区外，露天或敞开安装的输送爆炸性危险物质的架空管道地带（阀门、接管处视具体情况确定）。

应当注意，这种非危险场所，并不一定是绝对安全的，还需注意研究有无可能出现其他微量爆炸性粉尘所产生的爆炸危险性的叠加效应，必须考虑到有可能产生的各种因素，充分分析，慎重研究其存在的可能性。

2. 爆炸危险区域范围划分

爆炸危险区域范围就是以释放源为中心划定的一个规定空间区域。

（1）爆炸性气体环境危险区域范围　爆炸性气体环境危险区域范围，应根据释放源的级别和位置、易燃易爆物质的性质、通风条件、障碍物及生产条件、运行经验等综合比较后确定。

① 非开敞建筑物。在建筑物内部，一般以室为单位，但当室内空间很大时，可以根据通风情况、释放源的位置、爆炸性气体释放量的大小和扩散范围酌情将室内空间划分为若干个区域并确定其级别。

如在厂房门、窗外规定空间范围内，由于通风良好，则可划低一级，如图4-1所示。

但当室内具有比空气重的气体或蒸气，或者有比空气轻的气体或蒸气时，也可以不按室为单位划分。因为比空气重时，在低于释放源的地方，可能造成爆炸性气体或蒸气积聚的凹坑或死角；比空气轻时，也可能在高于释放源的地方及顶部形成死角。

② 开敞或局部开敞建筑物。对开敞或局部开敞的建筑物和构筑物区域范围的划分，一般按空间距离进行划分。

a. 对易燃液体、闪点低于或等于场所环境温度的可燃液体注送站，其开敞面外缘向外水平延伸15m以内、向上垂直延伸3m以内的空间应划为危险区域。如图4-2所示。

b. 对可燃气体、易燃液体、闪点低于或等于场所环境温度的可燃液体的封闭工艺装置，开敞面外缘3m（垂直或水平）以内的空间应划为2区。

③ 露天装置。集中设置在露天的装置和设备，应视为一个整体进行划分。

对装有可燃气体、易燃液体和闪点低于或等于场所环境温度的可燃液体的封闭工艺装置，一般在离设备外壳3m（垂直或水平）以内的空间应划为危险区域。当设置安全阀、呼吸阀、放空阀时，一般是以阀口以外3m（垂直或水平）以内的空间作为危险区域，如图

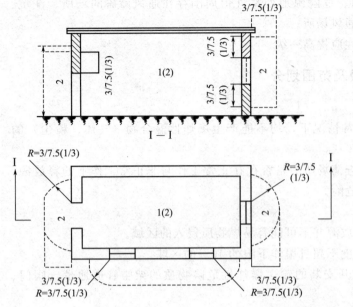

图 4-1 非开敞的建筑爆炸危险区域范围

注：1. 图中数据单位为 m；
2. 有斜线的两个数字，分子为通风良好值，分母为通风不良值；
3. 括号内数字是厂房内、外等级区域的范围。

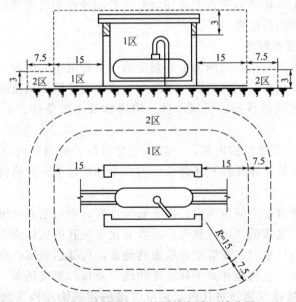

图 4-2 开敞的注送站爆炸危险区域范围

4-3 所示。

装有易燃液体、闪点低于或等于场所环境温度的可燃液体储罐，罐体外壳以外的水平或垂直距离 3m 以内的空间应划为危险区域。当设有防护堤时，应包括护堤高度以内的空间。若为注送站，则以注送口外水平 15m，垂直 7.5m 以内的空间作为危险区域。

（2）爆炸性粉尘环境危险区域范围　爆炸性粉尘环境危险区域范围，应根据粉尘量、释放率、浓度和物理特性，以及同类企业相似厂房的运行经验确定。在建筑物内部宜以室为单位，当室内空间很大，而爆炸性粉尘量很少时，也可不以室为单位。

① 非开敞建筑物。非开敞式爆炸性粉尘或可燃纤维危险场所，以生产厂房为一个单位，

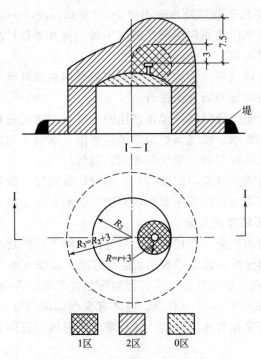

图 4-3 有呼吸阀的露天油罐爆炸危险区域范围

不论其释放源的位置和厂房空间的大小，应划为同一级危险区域。

10 区范围以厂房为界。在自然通风良好条件下，通向露天的门、窗外 7.5m（通风不良时为 15m），地面和屋顶上方 3m 以内的空间可以降低一级为 11 区。如图 4-4 所示。

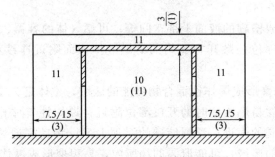

图 4-4 10 区、11 区危险场所范围

11 区的范围虽以厂房为界，但通向露天的门、窗外水平 3m，地面以上 3m、屋顶上方 1m 以内的空间也应划为 11 区。如图 4-4 所示。

② 开敞或局部开敞建筑物。10 区的范围以厂房边线为界。自然通风良好时，开敞面以外水平距离 7.5m（通风不良时为 15m），地面和屋顶上方 3m 以内的空间为 11 区。

11 区的范围虽以厂房边线为界，但开敞面边界以外水平距离 3m，地面以上 3m、屋顶上方 1m 以内的空间也应划为 11 区。

③ 露天装置。集中设置在露天中的设备和装置，应视为一个整体，其危险区域范围应根据扩散到空间的粉尘含量来确定。

10 区范围以装置群轮廓线以外水平距离 3m，垂直高度 3m 以内的空间为界，轮廓线以外水平距离 15m 和垂直高度 3m 以内的空间应划为 11 区。

11区的范围以装置群轮廓线以外水平距离3m,垂直高度3m以内的空间为界。

爆炸性粉尘和可燃纤维应防止向周围扩散或飞扬,对其邻近厂房或场所的等级划分,应根据具体扩散或沉积情况确定。

(3) 火灾危险场所区域范围 火灾危险场所一般是指易燃纤维危险场所,对其危险区域范围的划分可参考粉尘危险场所划分法进行。

(4) 明火危险区域 明火危险区域是指使用明火设备或超过爆炸性混合物自燃温度的高温物体的附近区域。例如燃油、燃气锅炉房的燃烧室附近或表面温度已超过该区域爆炸性混合物的自燃温度的炽热部件(如高压蒸气管道等)附近。

明火危险区域内已有明火或危险温度存在,电气设备防爆已起不到它应有的作用,可采用非防爆型电气设备。相应防火防爆主要采取密闭、防渗漏等措施来解决。

3. 爆炸危险场所内区域等级划分

工程设计、防火审图和消防工作检查中,对危险区域等级的划分,应该视爆炸性混合物的产生条件、时间、物理性质、设备情况(如运行情况、操作方法、容器破损和误操作的可能性),及其释放频繁程度、通风状态、运行经验等条件予以综合分析确定。

如氨气爆炸浓度范围为15.5%~27%,但具有强烈刺激气味,易被值班人员发现,可划为较低级别。对容易积聚相对密度大的气体或蒸气的通风不良的死角或地坑等低洼处,就应视为高级级别。

场所内装有自动控制的检测仪器时,当场所内任意地点的混合物浓度接近爆炸下限的25%时,能可靠地发出报警并同时联动有效通风的场所,其危险性可降低一级。

(1) 气体爆炸危险场所内区域等级划分

① 爆炸性混合物连续地出现或短时间频繁地出现,或者长时保持在爆炸下限以上可能区域,主体危险区定为0区。

如易燃液体的容器或槽罐的液面上部空间等;可燃气体的容器、槽、罐等内部空间长时间保持爆炸性混合物的部位;敞开容器内的易燃液体液面附近连续释放爆炸性混合物的区域;喷漆作业的室内等。

② 正常情况下有积聚形成爆炸性混合物可能的区域,主体定为1区。

如向油桶、油罐灌注易燃液体时的开口部位附近;爆炸性气体排放口附近,如泄压阀、排气阀、呼吸阀、阻火阀的附近;浮顶储罐的浮顶上部;无良好通风的室内,有可能释放、积聚形成爆炸性混合物的区域;可能泄漏的场所内,易积聚形成爆炸性混合物的洼坑、沟槽等处。

③ 不正常情况下有产生爆炸性混合物可能性的区域,主体定为2区。

如在正常情况下,不能形成爆炸性混合物的场所;有可能因设备容器的腐蚀、陈旧等原因,漏出危险物料的区域;因误操作或因异常反应形成高温、高压,有可能漏出危险物料的区域;因通风设备发生故障,有可能积聚形成爆炸性混合物的区域等。

(2) 粉尘爆炸危险场所内区域等级划分

① 爆炸性粉尘的混合物连续地出现或短时间频繁地形成或者长时间形成在爆炸下限及其以上可能的区域,主体危险区定为10区。

如通风不良的各种粉碎、粉磨车间;通风不良的黑火药打袋车间;谷物加工的粉磨机房;饲料粉碎机房;棉花加工的轧花车间、打包车间、下脚回收车间;煤粉厂的粉碎车间;料斗、漏斗、接受器等机械设备部位;纺织厂的除尘室。

② 不正常情况下,有形成爆炸性混合物可能的区域,主体定为 11 区。

如在正常情况下,不能形成爆炸性混合物的区域;有可能因设备装置的腐蚀、陈旧等原因,漏出危险物料的区域;因误操作或因机械故障有可能漏出危险物料的区域;因通风设备发生故障,有可能形成爆炸性混合物的区域;在某种条件下,沉积的粉尘重新飞扬起来后,可能形成爆炸性混合物的区域。

(3) 火灾(易燃纤维)危险场所内区域等级划分 对火灾危险区域,首先应看其可燃物的数量和配置情况,然后才能确定是否有引起火灾的可能,切忌只要有可燃物质就划为火灾危险区域的错误做法,这样既不经济也不安全。可参考粉尘爆炸危险场所区域等级确定方法进行。

(4) 与爆炸危险区域相邻场所的等级划分

① 隔墙有门的相邻场所等级的划分。与爆炸危险区域相邻厂房之间的隔墙应是密实坚固的非燃性实体,隔墙上的门应是坚固的非燃性材料制成,且有密封措施和自动关闭装置,其相邻厂房等级划分见表 4-6。

表 4-6 与爆炸危险区域相邻场所的等级划分

危险区域等级		用有门的墙隔开相邻场所等级		附 注
		一道有门隔墙	两道有门隔墙(通过走廊或套间)	
气体	0 区	1 区	1 区	两道隔墙门框之间的净距离不应小于 2m
	1 区	2 区	非危险区	
	2 区	非危险区		
粉尘	10 区		11 区	
	11 区	非危险区	非危险区	

② 相邻地下场所等级划分。相邻地下场所危险等级应根据具体情况考虑。如送风系统的配置能使地下场所的风压高于危险场所的气压或采取其他有效措施,使爆炸性混合物不能侵入和积聚时,也按表 4-6 划定。

不能保证地下场所的风压高于危险场所时,地下场所的危险等级应比相邻的危险场所等级高一级。

(5) 以释放源为中心划分举例 由于释放源排放的危险物质性质不同,排放的数量有多有少,加上周围环境变化,地势及气象条件差异,难以用计算方法确定危险场所范围。主要根据易燃物质释放量、释放速度、温度、闪点、相对密度、爆炸下限、通风状态等条件,结合实践经验确定。

以释放源为中心划分爆炸危险区域范围及等级举例如下,以供参考。

【例 4-1】 对于易燃物质重于空气、通风良好且为第二级释放源的主要生产装置区,可按下列规定对其爆炸危险区域的范围进行划分。如图 4-5、图 4-6 所示。

① 在爆炸危险区域内,地坪下的坑、沟应划为 1 区。

② 以释放源为中心,半径为 15m、地坪上的高度为 7.5m 及半径为 7.5m、顶部与释放源距离为 7.5m 的范围内划分为 2 区。

③ 以释放源为中心,总半径为 30m、地坪上的高度为 0.6m,且为 2 区以外的范围内划为附加 2 区。

【例 4-2】 对于易燃物质重于空气、释放源在封闭的建筑物内、通风不良且为第二级

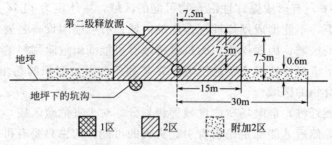

图 4-5 释放源接近地坪时易燃物质重于空气、通风良好的生产装置区

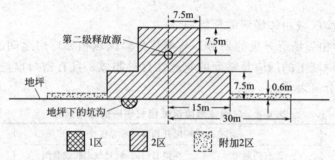

图 4-6 释放源在地坪以上时易燃物质重于空气、通风良好的生产装置区

释放源的主要生产装置区,可按下列规定对其爆炸危险区域的范围进行划分。如图 4-7 所示。

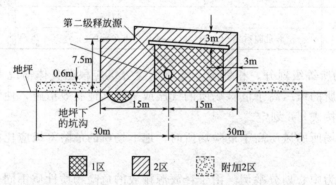

图 4-7 易燃物质重于空气、释放源在封闭建筑物内、通风不好的生产装置区

① 封闭建筑物内和在爆炸危险区域内地坪下的坑、沟划为 1 区。

② 以释放源为中心,半径为 15m,高度为 7.5m 范围内划分为 2 区,但封闭建筑物的外墙和顶部距 2 区的界限不得小于 3m,如为无孔实体墙,则墙外为非危险区。

③ 以释放源为中心,总半径为 30m,地坪上的高度为 0.6m,且在 2 区以外的范围内划分为附加 2 区。

【例 4-3】 对于易燃物质轻于空气、下部无侧墙、通风良好且为第二级释放源的压缩机房,其爆炸危险区域的划分可按下列规定划分。如图 4-8 所示。

① 当释放源距地坪的高度不超过 4.5m 时,以释放源为中心,半径为 4.5m,地坪以上至封闭区底部的空间和封闭区内部的范围内划分为 2 区。

② 屋顶上方百叶窗边外,半径为 4.5m,百叶窗顶部以上高度为 7.5m 的范围内划分为 2 区。

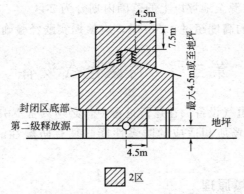

图 4-8　易燃物质轻于空气、通风良好的压缩机厂房

注意：释放源距地坪的高度超过 4.5m 时，应根据实践经验确定。

【例 4-4】　对于易燃物质轻于空气、通风不良且为第二级释放源的压缩机房，其爆炸危险区域的划分可按下列规定划分。如图 4-9 所示。

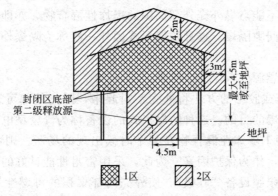

图 4-9　易燃物质轻于空气、通风不良的压缩机厂房

① 封闭区内部划分为 1 区。
② 以释放源为中心，半径为 4.5m，地坪以上至封闭区底部的空间，距离封闭区外壁 3m，顶部的垂直高度为 4.5m 的范围内划分为 2 区。

注意：释放源距地坪的高度超过 4.5m 时，应根据实践经验确定。

【例 4-5】　易燃物质轻于空气、通风良好且为第二级释放源的主要生产装置区，其爆炸危险区域的划分可按下列规定划分。如图 4-10 所示。

当释放源距地坪的高度不超过 4.5m 时，以释放源为中心，半径为 4.5m，顶部与释放

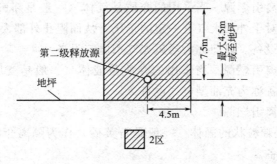

图 4-10　易燃物质轻于空气、通风良好的生产装置区

源的距离为 7.5m，及释放源至地坪以上的范围内划分为 2 区。

注意：释放源距地坪的高度超过 4.5m 时，应根据实践经验确定。

第三节 防爆电气设备

爆炸危险场所使用的电气设备，在运行过程中，必须具备不引燃周围爆炸性混合物的性能，即要求应具有与危险场所相适应的防爆性能。具有防爆性能的电气设备叫防爆电气设备。

一、电气设备的防爆原理

1. 用外壳限制爆炸和隔离引燃源

（1）用外壳限制爆炸 用外壳限制爆炸是传统的防爆方法。它是把设备的导电部分放在外壳内，外部可燃性气体通过外壳上各个部件的配合面间隙进入壳内，一旦被内部电气装置上的导电部分发生的故障电火花点燃，这些配合面将使由外壳内向外排出的火焰和爆炸生成物冷却到安全温度，而不能点燃外壳外部周围的爆炸性混合物，亦即外壳阻止了爆炸向外传播的可能性，一般称为间隙隔爆。这种防爆形式国外一般称为隔爆外壳，我国称为隔爆型电气设备。

（2）用外壳隔离引燃源

① 采用熔化、挤压或胶粘的方法将外壳密封起来，阻止外部可燃性气体进入壳内，而与引燃源隔离，达到防爆的目的。这种防爆形式的设备称为气密型电气设备。

② 当电气设备只用于爆炸性混合物在某个时候出现的场所，则可利用设备内部出现爆炸性混合物所需的时间，作为保护因素。为此，采用密封性能良好的外壳来限制可燃性气体或蒸气进入，即相当于限制设备"呼吸"，使外壳内部聚积的可燃性气体或蒸气浓度达到下限值的时间比外部环境中可燃性气体或蒸气可能存在的时间要长。这样实际上就使进入壳内的气体和蒸气浓度达不到爆炸下限值，因而不会被点燃，达到防爆的目的。这种防爆形式设备称为限制呼吸外壳。

③ 采用密封性能达到规定要求的外壳使可燃性粉尘不能或难于进入外壳内，而与引燃源隔离，达到防爆的目的。这种防爆形式设备称为粉尘防爆型电气设备。

2. 用介质隔离引燃源

其原理是把电气设备的导电部件放置在安全介质内，使引燃源与外面的爆炸性混合物隔离来达到防爆的目的。

（1）用气体介质隔离引燃源 当采用的介质是气体（一般是新鲜空气或惰性气体）时，应使设备内部的气体相对于外面大气有一定的正压，从而阻止外部大气进入，这种防爆形式的设备称为正压型电气设备（以前称为通风充气型电气设备）

（2）用液体介质隔离引燃源 当采用的介质是液体（一般是变压器油）作为隔离介质时，这种防爆形式的设备称为充油型电气设备。

（3）用固体介质隔离引燃源

① 当采用的介质是颗粒状的固体（一般是石英砂）作为隔离介质时，这种防爆形式的设备称为充砂型电气设备。

② 当采用的介质是固化物填料（一般是环氧树脂），把引燃源浇封在填料里面，而与外

面爆炸性混合物隔离时，这种防爆形式的设备称为浇封型电气设备。

3. 控制引燃源

这种控制方法适用于两种类型的电气设备：正常运行时不产生火花、电弧的电气设备和弱电设备。

（1）减少火花、电弧和高温　对于正常运行时不产生火花、电弧和危险高温的电气设备，可以采取一些附加措施来提高设备的安全可靠性，如采用高质量绝缘材料、降低温升、增大电气间隙和爬电距离、提高导线连接质量等，从而大大减少火花、电弧和危险高温现象出现的可能性，使之可以用于危险场所。这种防爆形式的设备称为增安型电气设备（以前称为安全型电气设备）。

还有一种与增安型防爆措施类似的防爆形式，按其定义，它是一种正常运行时不产生火花和危险高温，也不产生引爆故障的电气设备。与增安型相比，只是没有规定再增加一些附加措施来提高设备的安全可靠性。所以它的安全性比增安型要低，只能用于 2 区危险场所。这种防爆形式的设备称为无火花型电气设备。

（2）限制火花能量　对于弱电设备，如仪器仪表、通信、报警装置等这类设备，把它们处于爆炸危险场所中的那部分电路所释放的能量限制到一定的数值内，当电路发生故障，如断路、短路时产生的火花不能引燃爆炸性混合物，从而达到防爆目的。这种电路和设备称为本质安全型电路和电气设备（以前称为安全火花型电路和电气设备）。

二、防爆电气设备

1. 防爆电气设备类型

根据电气设备采用的防爆技术，可制成隔爆型、增安型、本质安全型、正压型、充油型、充砂型、无火花型、防爆特殊型和粉尘防爆型等类型的防爆电气设备。

（1）隔爆型电气设备（d）　具有隔爆外壳的电气设备，把能点燃爆炸性混合物的部件封闭在外壳内，该外壳能承受内部爆炸性混合物的爆炸压力，并阻止向周围的爆炸性混合物传爆。

（2）增安型电气设备（e）　正常运行条件下，不会产生点燃爆炸性混合物的火花或危险温度，并在结构上采取措施，提高其安全程度，以避免在正常和规定过载条件下出现点燃现象。

（3）本质安全型电气设备（i）　在正常运行或在标准试验条件下所产生的火花或热效应均不能点燃爆炸性混合物。本质安全型电气设备及关联设备还可根据故障条件，细分为 ia 和 ib 两级。

ia 等级设备在正常工作、一个故障和两个故障时均不能点燃爆炸性气体混合物（故障电流小于 100mA）。

ib 等级设备在正常工作和一个故障时不能点燃爆炸性气体混合物（故障电流小于 150mA）。

（4）正压型电气设备（p）　具有保护外壳，且壳内充有保护气体，其压力保持高于周围爆炸性混合物气体的压力，以避免外部爆炸性混合物进入外壳内部。

（5）充油型电气设备（o）　全部或某些带电部件浸在油中，使之不能点燃油面以上或外壳周围的爆炸性混合物。

（6）充砂型电气设备（q）　外壳内充填细颗粒材料，以便在正常使用条件下，外壳内产生的电弧、火焰传播，壳壁或颗粒材料表面的过热温度均不能点燃周围的爆炸性混合物。

（7）无火花型电气设备（n）　在正常运行条件下不产生电弧或火花，也不产生能点燃

（8）浇封型电气设备（m）　整台设备或其中部分浇封在浇封剂中，在正常运行和认可的过载或认可的故障下不能点燃周围的爆炸性混合物。

（9）粉尘防爆型（DP/DT）电气设备　为防止爆炸粉尘进入设备内部，外壳的结合面紧固严密，并加密封垫圈，转动轴与轴孔间加防尘密封。

粉尘沉积有增温引燃作用，要求设备的外壳表面光滑、无裂缝、无凹坑或沟槽，并具有足够的强度。对外壳按其防尘能力分为防尘结构（标志为DP，外壳防护等级为IP5X）和尘密结构（标志为DT，外壳防护等级为IP6X），以适用于不同的粉尘爆炸危险场所。

（10）防爆特殊型（s）　这类设备是指结构上不属于上述各种类型的防爆电气设备，由主管部门制定暂行规定，送劳动部门备案，并经指定的鉴定单位检验后，按特殊电气设备处置。

2. 防爆电气设备等级、标志

（1）等级　防爆电气设备按照可燃性爆炸性物质的传爆等级对应划分，其等级参数及符号亦相同。

① 类别与级别。

Ⅰ类，煤矿井下用电气设备，只以甲烷为防爆对象，不再分级。

Ⅱ类，工厂用电气设备，细分为ⅡA、ⅡB、ⅡC三级。

Ⅲ类，粉尘环境用电气设备，细分为ⅢA、ⅢB二级。

② 温度组别。防爆电器按可燃性爆炸性混合物引燃温度相适应的分组方法，限定了电气设备各温度组别的最高表面温度。

最高表面温度对隔爆型是指外壳表面，对其余各防爆类型是指可能与爆炸性混合物接触的表面。

Ⅰ类防爆电气设备采取措施能防止煤粉堆积时，最高表面温度不超过450℃，有煤粉沉积时最高表面温度不超过150℃。

Ⅱ类防爆电气设备分为T1、T2、T3、T4、T5、T6共六组（Ⅱ类）。各组对应最高表面温度见表4-7。

表4-7　Ⅱ类防爆电气设备最高表面温度

温度组别	允许最高表面温度	温度组别	允许最高表面温度
T1	450℃	T4	135℃
T2	300℃	T5	100℃
T3	200℃	T6	85℃

Ⅲ类防爆电气设备分为T11、T12、T13共三组（Ⅲ类）。各组对应最高表面温度见表4-8。

表4-8　Ⅲ类防爆电气设备最高表面温度

温度组别	无过负荷可能的设备		有过负荷可能的设备	
	极限温度/℃	极限温升/℃	极限温度/℃	极限温升/℃
T11	215	175	190	150
T12	160	120	140	100
T13	110	70	100	60

另外，由于电气设备正常运行或事故状态下有可能使设备产生温升，所以电气设备使用环境温度应按下式计算：

使用环境温度＝最高允许表面温度－设备温升（一般按10℃计算）

（2）电气设备防爆标志　防爆电气设备外壳上都铸有明显的防爆性能标志，凸纹或凹纹防爆标志"Ex"，也叫"防爆声明"，并按顺序用字母和数字标明防爆形式、类别、级别、温度组别等防爆性能，即表明了它的使用范围。这是防爆电气设备与一般电气设备的基本区别。

防爆性能标志格式如下：

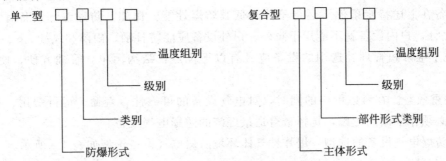

如一台仪表的防爆标志为ExdⅡBT4。含义是d—隔爆形式；Ⅱ—工厂用；B—防爆级别为B级；T4—温度组别，最高表面温度不大于135℃，适用于工厂安全程度为隔爆要求，ⅡA、ⅡB级，T1、T2、T3、T4组别的爆炸性混合物的环境。

一台仪表的防爆标志为ExiaⅡCT6。含义是ia—本安防爆；Ⅱ—工厂用；C—防爆级别为C级；T6—温度组别，最高表面温度不大于85℃，适用于工厂安全程度为本安a级防爆要求，ⅡA、ⅡB、ⅡC级，所有温度组别的爆炸性混合物的环境。

如防爆标志为ExepⅡBT3。表示复合防爆形式，具有Ⅱ类主体增安型并具有正压部件、B级、T4组别防爆性能，最高允许表面温度不大于100℃，适用于工厂安全程度为增安要求，ⅡA、ⅡB级，T1、T2、T3组别的爆炸性混合物的环境。

三、电气设备的选择

爆炸危险场所内电气设备和线路，应在布置上或在防护上采取措施，防止周围环境内化学的、机械的和热的因素影响。所选择的产品应符合防腐、防潮、防日晒、防雨雪、防风沙等各种不同环境条件要求。其结构应满足电气设备在规定的运行条件下不会降低防爆性能的要求。在爆炸危险场所内，电气设备的极限温度和极限温升应符合规定。

爆炸危险区域类别及危险区域等级和爆炸危险区域内爆炸性混合物的级别、温度组别以及危险物质的其他性质（引燃点、爆炸极限、闪点等）是选择防爆电气设备的基本依据。

所选用的防爆电气设备的级别，不应低于该爆炸危险场所内爆炸性混合物的级别和组别，当存在两种或两种以上爆炸性混合物时，应按危险程度较高的级别和组别选用。

安全可靠，使用方便，经济合理是选型的基本前提。

1. 爆炸性气体环境电气设备

（1）选用原则

① 在有气体或蒸气爆炸性混合物区域内,按防爆电气设备的级别和温度组别,必须与爆炸性混合物的级别、组相对应的原则选用。

在非爆炸危险区域,一般都选用普通的电气设备,但当装有爆炸性物质的容器置于非爆炸危险区域时,在异常情况下也存在危险的可能性,因此,必须考虑意外发生危险的可能性。

② 根据爆炸性气体环境危险区域的等级,选择相应的电气设备。

③ 根据环境条件选择相应的电气设备。环境的温度、湿度、海拔高度、光照度、风沙、水质、散落物、腐蚀物、污染物等客观因素对电气设备的选择都提出了具体的要求,所选择的电气设备在上述特定条件下运行不能降低其防爆性能。比如,防爆电气设备有"户内"、"户外"之分,户内设备就不能用于户外。户外设备应能防日晒、雨淋和风沙。

④ 便于维修和管理。选用的设备应具有以下优点:结构简单,管理方便,便于维修,备件易存。

⑤ 注重效益。在考虑价格的同时,对电气设备的可靠性、寿命、运行费用、耗能、维修周期等必须作全面的考虑,选择最合适最经济的防爆电气设备。

(2) 防爆电气设备的选型　爆炸性气体环境防爆电气设备选型如表4-9所示。

表4-9　爆炸危险场所用电气设备防爆类型选型

爆炸危险区域	适用的防护型式	符　号
0区	1. 本安型 ia(电路及系统、参数设计)(<100mA)	ia
	2. 其他特别为0区设计的电气设备(特殊型)	s
1区	1. 适用于0区的防护类型	
	2. 隔爆型(封闭,外壳牢固)	d
	3. 增安型(正常无危险,结构加强)	e
	4. 本安型 ib(电路及系统、参数设计)(<150mA)	ib
	5. 充油型(内部充油绝缘)	o
	6. 正压型(内部充气)	p
	7. 充砂型(内部充砂隔离)	q
2区	1. 适用于0区或1区的防护类型	
	2. 无火花型(本身无电火花产生)	n

2. 爆炸性粉尘环境电气设备

(1) 选用原则

① 参考爆炸性气体环境的选用原则。

② 粉尘环境危险区域应少装插座和局部照明灯具。如必须采用时,插座宜布置在粉尘不易积聚的地点。局部照明灯具宜布置在一旦发生事故时气流不易冲击的位置。

③ 电气设备的最高允许表面温度应符合表4-8的规定。

(2) 选型　除可燃性非导电粉尘和可燃纤维的11区环境采用防尘结构(标志DP)的粉尘防爆电气设备外,爆炸性粉尘环境10区及其他爆炸性粉尘环境11区均采用尘密结构(标志DT)的粉尘防爆电气设备,并按照粉尘的不同引燃温度选择不同引燃温度组别的电气设备。

3. 火灾危险区域电气设备选择

(1) 选用原则

① 电气设备应符合环境条件（化学、机械、热、霉菌和风沙）的要求。

② 正常运行时有火花和外壳表面温度较高的电气设备，应远离可燃物质。

③ 不宜使用电热器具，必须使用时，应将其安装在非燃材料底板上。

(2) 选型　火灾危险区域应根据区域等级和使用条件按表 4-10 选择相应类型的电气设备。

表 4-10　电气设备防护结构选型

电气设备		21 区	22 区	23 区
电机	固定安装	IP44	IP54	IP21
	移动式、携带式	IP54	IP54	IP54
电器和仪表	固定安装	充油型 IP54、IP44	IP54	IP44
	移动式、携带式	IP54	IP54	
照明灯具	固定安装	IP2X	IP54	IP2X
	移动式、携带式			
配电装置		IP5X	IP5X	
接线盒				

注：1. 在火灾危险区域 21 区内固定安装的正常运行时有滑环等火花部件的电机，不宜采用 IP44 型。
2. 23 区内固定安装的正常运行时有滑环等火花部件的电机，不应采用 IP21 型，而应采用 IP44 型。
3. 21 区内固定安装的正常运行时有火花部件的电器和仪表，不宜采用 IP44 型。
4. 移动式和携带式照明灯具的玻璃罩，应有金属网保护。

对于一般有爆炸危险的场所，可选用最普遍的型号，只对少数几种物质，如水煤气、氢、乙炔、二硫化碳等，在选型时需进一步考虑。如果在同一个场所范围内有多种爆炸性混合物，应按危险性大的选定防爆电气设备。

4. 电气设备防爆结构的选型

对于工业企业常用电气设备，可按表 4-11～表 4-13 进行选择。

表 4-11　电气设备防爆结构选型（1）

电气设备	爆炸危险区域	0 区	1 区				2 区					
	防爆结构	本安型 ia	隔爆型 d	正压型 p	充油型 o	增安型 e	本安型 ia\ib	隔爆型 d	正压型 p	充油型 o	增安型 e	无火花型 n
电机	笼型感应电动机		○	○		△	○	○	○		○	○
	绕线型感应电动机		△				○				○	×
	同步电动机		○	○		×	○	○	○		○	
	直流电动机		△	△			○					
	电磁滑差离合器(无电刷)		○	○		×	○	○	○		○	△
变压器	变压器(包括启动用)		△	△	×		○	○	○	○		
	电抗线圈(包括启动用)		△	△	×		○	○	○	○		
	仪用互感器		△	△			○	○				

注：○表示适用，△表示慎用，×表示不适用，下同。

表 4-12　电气设备防爆结构选型（2）

电气设备	爆炸危险区域 防爆结构	0区 本安型ia	1区 隔爆型d	1区 正压型p	1区 充油型o	1区 增安型e	1区 本安型ia\ib	2区 本安型ia\ib	2区 隔爆型d	2区 正压型p	2区 充油型o	2区 增安型e	2区 无火花型n
电器	刀开关断路器		○						○				
电器	熔断器		△						○				
电器	控制开关及按钮	○	○		○		○	○	○		○		
电器	电抗启动器\启动补偿器		△						○			○	
电器	启动用金属电阻器		△	△	×				○	○		○	
电器	电磁阀用电磁铁		○		×				○			○	
电器	电磁摩擦制动器		△		×				○			△	
电器	操作箱、柱		○	○					○			○	
电器	控制盘		△	△					○			○	
电器	配电盘		△						○			○	

表 4-13　电气设备防爆结构选型（3）

电气设备	爆炸危险区域 防爆结构	0区 本安型ia	1区 隔爆型d	1区 正压型p	1区 充油型o	1区 增安型e	1区 本安型ia\ib	2区 本安型ia\ib	2区 隔爆型d	2区 正压型p	2区 充油型o	2区 增安型e	2区 无火花型n
灯具	固定式灯具		○			×			○			○	
灯具	移动式灯具		○						○				
灯具	携带式灯具		○						○				
灯具	指示灯		○			×			○				
灯具	镇流器		○			△			○				
其他	信号、报警装置	○	○	○		×	○		○			○	
其他	插接装置		○						○				
其他	接线箱(盒)		○			△			○			○	
其他	电气测量表		○			×			○			○	

四、防爆电气设备运行维护与检修

防爆电气设备应由经过培训考核合格人员操作、使用和维护保养。

1. 防爆电气设备运行维护

（1）一般规定　新设备在安装前宜解体检查，符合规定要求后方可投入运行。使用运行条件应符合制造厂的规定。设备上的保护、闭锁、监视、指示装置等不得任意拆除，应保持其完整、灵敏和可靠。

在爆炸危险场所维护检查设备时，严禁解除保护、联锁和信号装置；严禁带电对接电线（明火对接）和使用能产生冲击火花的工、器具；清理具有易燃易爆物质的设备的内部必须切断电源，并挂警告牌；故障停电后未查清原因前禁止强送电；向具有易燃易爆物质的设备内部送电前，必须检测内部及环境的爆炸性混合物的浓度，确认安全后方准送电。

防爆电气设备的运行维护检查，分日常运行维护检查、专业维护检查和安全技术检查三种。根据生产环境的特点、设备状态、介质泄漏和腐蚀、机械磨损等情况，规定其检查周期、检查项目和要求。

（2）日常运行维护检查　设备的运行操作人员，必须按照各类防爆电气设备的技术要求，做好日常检查工作，主要的设备要填写岗位运行记录或检查记录。

日常运行维护检查包括下列主要项目。

防爆电气设备应保持其外壳及环境的清洁，清除有碍设备安全运行的杂物和易燃物品。应指定化验分析人员经常检测设备周围爆炸性混合物的浓度。

设备运行时应具有良好的通风散热条件，检查外壳表面温度不得超过产品规定的最高温度和温升的规定。运行中的电机应检查轴承部位，需保持清洁和规定的油量，检查轴承表面的温度，不得超过规定值。

设备运行时不应受外力损伤，应无倾斜和部件摩擦现象。声音应正常，振动值不得超过规定。检查外壳各部位固定螺栓和弹簧垫圈是否齐全紧固，不得松动。检查设备的外壳应无裂纹和有损防爆性能的机械变形现象。

设备上的各种保护、联锁、检测、报警、接地等装置应齐全完整。电缆进线装置应密封可靠。不使用的线孔，应用厚度不小于 2mm 的钢板密封。

正压型防爆电气设备，启动前均需先行通风或充气，当通风或充气的总量达到外壳和管道内部空间总容积的 5 倍以上时，才准许送电启动。检查充入正压型电气设备内部的气体，是否含有爆炸性物质或其他有害物质，气量、气压应符合规定，气流中不得含有火花，出气口气温不得超过规定，微压（压力）继电器应齐全完整，动作灵敏。正压型防爆电气设备停用后，应延时停止送风。

检查充油型电气设备的油位应保持在油标线位置，油量不足时应及时补充，油温不得超过规定，同时应检查排气装置有无阻塞情况和油箱有无渗油和漏油现象。

检查防爆照明灯具是否按规定保持其防爆结构及保护罩的完整性。检查灯具表面温度不得超过产品规定值。

在爆炸危险场所除产品规定允许频繁启动的电机外，其他各类防爆电机，不允许频繁启动。

电气设备运行中发生下列情况时，操作人员可采取紧急措施并停机，通知专业维修人员进行检查和处理。

① 负载电流突然超过规定值或确认断相运行状态。
② 电机或开关突然出现高温或冒烟。
③ 电机或其他设备因部件松动发生摩擦，产生响声或冒火星。
④ 机械负载出现严重故障或危及电气安全。

设备运行操作人员对日常运行维护和日常检查中发现的异常现象可以处理的应及时处理，不能处理的应通知电气维修人员处理并将发生的问题或事故在设备运行记录上进行登记。

（3）专业维护检查　专业维护检查应由电气专门负责维护人员进行，检查维护项目除日常运行维护检查项目外，还应包括下列主要项目。

① 更换照明灯泡、熔断器和本安型设备的电源电池，都必须符合设计规定的规格型号，不得随便变更。
② 清理控制设备的内外灰尘，进行除锈防腐。
③ 检查设备和电气线路的完好状况。
④ 检查接地线的可靠性及电缆、接线盒等完好状况。

⑤ 停电检查电器内部动作机件是否有超过规定的磨损情况以及接线端子是否牢固可靠。

⑥ 检查各种类型防爆电气设备的防爆结构参数及本安电路参数。

⑦ 检查控制、检测仪表和电讯等设备和保护装置是否符合防爆安全要求和是否齐全完好、灵敏可靠,有无其他缺陷。

⑧ 检查设备运行记录或缺陷记录上提出的问题,能及时处理的应及时处理,消除隐患。不能处理的应及时上报。

(4) 安全技术检查 工矿企业主管安全工作的领导组织有关的专业技术人员,按照各分工管理范围,进行定期的电气防爆安全技术专业检查。除日常维护和专业维护检查的项目外,还应检查下列项目。

① 检查爆炸危险场所设备运行操作、化验分析、电气、仪表、通信、设备维修等有关人员是否熟知电气防爆安全技术的基本知识。

② 检查防爆电气设备和线路的运行操作、维修的规程制度是否齐全及执行情况。

③ 依据《中华人民共和国爆炸危险场所电气安全规程》的技术要求,检查爆炸危险场所存在哪些问题。

④ 针对存在的问题提出解决的措施,上报工矿企业主管安全生产的领导列入生产措施计划,并检查落实措施计划的处理情况。

根据防爆电气设备的特点,参考 IEC60079-17 中的检查项目表,将隔爆型、增安型和无火花型电气设备检查工作中涉及到设备本身防爆结构和与防爆安全相关的检查项目列于表 4-14。

表 4-14 防爆电气设备 Ex"d"、Ex"e"、Ex"n" 检查

	检查项目	Ex"d"			Ex"e"			Ex"n"		
		检查等级								
		D	C	V	D	C	V	D	C	V
1	电气设备适合于危险场所类型	X	X	X	X	X	X	X	X	X
2	电气设备类别正确	X	X		X	X		X	X	
3	电气设备温度组别正确	X	X		X	X		X	X	
4	电气设备电路标示正确	X			X			X		
5	电气设备电路标示有效	X	X	X	X	X	X	X	X	X
6	外壳、透明件及透明件与金属密封垫和/或胶黏剂合格	X	X	X	X	X	X	X	X	X
7	不存在未经批准的修改	X			X			X		
8	外壳无变形和裂纹	X	X	X	X	X	X	X	X	X
9	紧固螺栓、电缆引入装置(直接或间接引入)和堵板的类型正确并完整和紧固									
	——形状和状态检查	X	X		X	X		X	X	
	——目测检查			X			X			X
10	隔爆接合面清洁、无严重锈蚀、无损坏,衬垫良好	X								
11	隔爆接合面间隙尺寸在允许的最大尺寸范围内	X	X							
12	灯具光源额定值、型号和位置正确	X			X			X		
13	电气连接牢固(包括接地连接)	X			X			X		
14	衬垫状态良好	X			X			X		
15	封闭式断路装置和气密型装置无损坏							X		
16	限制呼吸外壳良好							X		
17	电动机风扇与外壳和/或外罩之间有足够的间距	X			X			X		
18	呼吸和排水装置符合要求	X	X		X	X		X	X	
19	绝缘电阻符合要求	X			X			X		
20	设备表面温度(以及电动机温升)无异常	X	X	X	X	X	X	X	X	X
21	设备轴承润滑和运行状况符合要求	X	X		X	X		X	X	
22	设备的监测保护装置工作正常	X	X		X	X		X	X	
23	设备工作状况正常	X	X	X	X	X	X	X	X	X

注:D—逐项检查;C—仔细检查;V—目测检查。

2. 防爆电气设备的检修

（1）一般规定　防爆电气设备的检修应由工矿企业指定专业修理单位负责检修。检修和检验人员，应进行防爆电气设备修理知识的培训，经考核合格的方可承担检修和检验工作。

防爆电气设备大、中修后，由检修人员填写检修记录并需经防爆专业质量检验人员进行检验，签发合格证后方可交付使用。

在爆炸危险场所中禁止带电检修电气设备和线路（本安线路除外），禁止约时停、送电，并应在断电处挂上"有人工作，禁止合闸"的警告牌。

隔爆外壳的检修应按国家现行技术规定进行。检修时不得对外壳结构、主要零部件使用的材质及尺寸进行修改更换。必须修改更换时，应在保证设备原有安全性能的情况下，取得对该产品原鉴定检验单位同意后方可改动。

在爆炸危险场所需动火检修防爆电气设备和线路时，必须办理动火审批手续。

防爆电气设备的检修分小修、中修、大修三种，工矿企业应根据具体情况自行规定其检修周期、检修项目和检验标准。

（2）小修　小修除进行上述日常运行维护和电气维护检查的项目外，还应包括下列主要项目。

① 清除设备壳内外灰尘、污垢。
② 更换或修理易损耗的零部件和紧固件。
③ 修理或调整设备的操作机构和闭锁装置。
④ 清理隔爆面、除锈，涂敷薄层防锈油脂，并检验隔爆面完好程度。
⑤ 测量隔爆面间隙，检查外壳完好情况。
⑥ 测试绝缘电阻和检验电气系统。
⑦ 修理或更换电气系统个别零部件。
⑧ 充油设备取油样，进行化学分析并做电气绝缘强度试验。
⑨ 检查设备各接线部位有无松动和其他缺陷，并进行修理。

（3）中修　中修除进行小修项目外，还应包括下列主要项目。

① 设备解体检查，彻底清扫。
② 处理外壳由于受外力损伤而发生的局部变形。
③ 全面检验电气、机械结构，修理或更换其零部件。
④ 修理隔爆面，进行除锈并测量隔爆间隙。
⑤ 加强和处理电机、变压器的绕组绝缘。
⑥ 根据需要改变电机、变压器内部接线方式。
⑦ 校检、整定继电器保护装置的整定值和仪表的准确性。
⑧ 按规定进行电气设备的绝缘性能试验。
⑨ 外壳空腔器壁涂耐弧漆，壳外表面涂防锈漆。

（4）大修　大修除进行中修项目外，还应包括下列主要项目。

① 更换和修理外壳隔爆件，进行必要的水压试验。
② 进行电机端盖止口镶套、更换端盖以及转子轴镶套、补焊等修理。
③ 更换磁力启动器或馈电开关的底板、芯架及其配线。
④ 重绕电机、变压器的绕组。
⑤ 调整试验各种继电器保护装置的特性。

⑥ 按规定进行电气设备和线路的绝缘强度试验和检测、控制、保护装置的调整试验。
⑦ 更换局部范围内的电缆线路、钢管配线。
⑧ 进行电缆线路、钢管配线固定部件更新和进行外皮的除锈刷油。

(5) 建立设备档案　新、老企业均应建立防爆电气设备档案。从设备安装、试车、运行、检修、缺陷处理、事故修复、革新改造，直到设备的防爆降级、报废，应将各个不同时期的各种技术数据收集齐全，整理归档，以便查阅。

3. 电气设备防爆性能的降级

防爆电气设备因外力损伤、大气锈蚀、化学腐蚀、机械磨损、自然老化等原因，可能导致防爆性能下降或失效，需要及时进行检修或降级处理。

(1) 确定防爆性能降级的原则　一般在额定条件下，防爆电气设备的可靠性寿命在10～15年左右。如果环境温度高或腐蚀性严重，应该预见这类零部件的寿命会缩短，特别是对于1区的电气设备，应该及时更换，以免发生不可预见的安全故障。

经过检修不能恢复原有等级的防爆性能，可根据设备实际技术性能，按以下原则处理。
① 降低防爆等级使用。
② 降为非防爆电气设备使用。

(2) 确定防爆性能降级的处理办法　根据GB 3836.13—2000《爆炸性气体环境用电气设备第13部分：爆炸性气体环境用电气设备的检修》，对于检修后的设备应该由检修单位的检验人员进行检验，出具检验报告并加设检修标志。
① 检修后设备的安全符合标准规定和防爆合格证文件要求时，需采用标志：R
② 检修后设备安全符合标准规定，但未必符合防爆合格证文件要求时应标志：△R
③ 检修后设备不符合标准的规定，则应将设备上的防爆标志牌去掉，按非防爆设备处理。

这里所指"标准"是指该设备制造时依据的防爆标准，"防爆合格证文件"是指经防爆检验的设备图纸和资料。

批准防爆性能降级使用的防爆电气设备，需除去原有防爆等级标志，更换相应的防爆等级标志，并从使用部位上拆除。批准降为非防爆的电气设备，应除去防爆标志，不得在爆炸危险区域使用。

批准降级或降为非防爆电气设备的批准文件、防爆性能的测试记录等资料应一并存入设备档案，并随设备转移。

第四节　电气防火防爆对策

电气火灾和爆炸的防护必须是综合性措施。它包括合理选用和正确安装电气设备及电气线路，保持电气设备和线路的正常运行，保证必要的防火间距，保持良好的通风，装设良好的保护装置等技术措施。

一、爆炸危险场所防火防爆的基本原则

爆炸危险场所对电气安全要求基本原则是整体防爆。整体防爆是指在爆炸危险区内，安装使用的电气动力、通信、照明、控制设备、仪器仪表、移动电气设备（包括电动工具）及其输配电线路等，应全部按爆炸危险场所的等级采取相应的措施，达到要求。如果其中之一不符合爆炸危险场所的要求，也就不能说达到了电气整体防爆，就存在着爆炸危险。

① 对处理或储存可燃性物质的设备及装置进行设计时，应尽可能使危险场所的类别成为危险性最小的类别，尤其应使0区场所及1区场所的数量及范围都成为最小，亦即尽可能使大多数的危险场所都成为2区场所。

② 工艺流程用设备应主要为二级释放源，如果达不到此要求，也应使该释放源以极有限的量及释放率向空气中释放。改造工艺，加强通风，消除或减少爆炸性混合物，降低场所危险性。例如，采取封闭式作业，防止爆炸性混合物泄漏；清理现场积尘，防止爆炸性混合物积累；设计正压室，防止爆炸性混合物侵入；采取开敞式作业或通风措施，稀释爆炸性混合物；在危险空间充填惰性气体或不活泼气体，防止形成爆炸性混合物；安装报警装置，当混合物中危险物品的浓度达到其爆炸下限的10%时报警等。

③ 危险场所的类别确定后，不得随意进行变更。对于维修后的工艺设备，必须认真检查后确认其是否能保证原有设计的安全水平。

④ 爆炸危险场所（环境）中，应不设置或尽可能少设置电气设备，以减少因电气设备或电气线路发生故障而成为引爆源引起的爆炸事故。

⑤ 爆炸危险场所（环境）中，必须设置电气设备时，应选用适用于该危险区中的防爆电气设备，构建相适应的防爆电气线路。

二、电气防火防爆基本措施

1. 正确选用电气设备，消除引燃源

爆炸危险场所用电气设备，参考本章第三节选择相应的防爆电气设备。

2. 完善防爆电气线路，构建电气整体防爆系统

爆炸危险场所的电气工程设计、安装施工、运行维修与安全技术管理工作，必须按照《中华人民共和国爆炸危险场所电气安全规程》及其他相关标准规范，采取防爆措施，以实现整体防爆。主要包括以下几个方面。

① 导线材质。电缆线路除按爆炸危险场所的危险程度和防爆电气设备的额定电压、电流选用电缆外，还应根据使用环境的情况，选用具有相应的耐热性能、绝缘性能和耐腐蚀性能的电缆。对于爆炸危险环境的配线工程，应采用铜芯绝缘导线或电缆，而不用铝质的。

② 导线允许载流量及保护。绝缘电线和电缆的允许载流量不应小于熔断器熔体额定电流的1.25倍和自动开关长延时过流脱扣器整定电流的1.25倍。电气线路应根据需要设有相应的保护装置，以便在发生过载、短路、漏电、接地、断线等情况下自动报警或切断电源。

③ 电气线路敷设场所。电气线路一般应敷设在危险性较小的环境或远离存在易燃、易爆物释放源的地方，或沿建筑物、构筑物的墙外敷设。架空线路（包括电力线路和通信线路）严禁跨越爆炸危险场所，当架空线路与爆炸危险场所邻近时，架空线路与爆炸危险场所边界的距离不应小于杆塔高度的1.5倍。参见表4-15。

表4-15 爆炸危险场所的配线方式

配线方式		爆炸危险区				
		0区	1区	2区	10区	11区
本安型电气设备配线工程		○	○	○	○	○
低压镀锌钢管配线工程		×	○	○	×	○
电缆工程	低压电缆	×	○	○	×	○
	高压电缆	×	△	○	×	△

注：○表示适用；△表示尽量避免；×表示不适用。

④ 配线防爆。爆炸危险场所不准明敷绝缘导线，必须采用钢管配线工程。爆炸危险场所钢管配线工程应使用镀锌钢管或管道内壁无毛刺、并进行防腐处理的水、煤气钢管（敷于混凝土中的钢管除外）。参见表 4-15。

⑤ 电气线路连接。电气线路之间原则上不能直接连接。在特殊情况下，线路需设中间接头时，必须在相应的防爆接线盒（分线盒）内连接和分路。连接或封端采用压接、熔焊或钎焊方式，确保接触良好，防止局部过热。

配线引入要求：浇封式的引入装置为有放置电缆头空腔的装置；移动式电缆需采用有喇叭口的引入装置；除移动式电缆和铠装电缆外，引入口均需用带有螺纹的保护钢管与引入装置的螺母相连接。

⑥ 构建本安电气系统。所谓本安（本质安全型）电气系统，是指爆炸危险场所的电气设备自身不会产生非安全火花，同时非危险场所的非安全火花不能窜入危险场所的电气系统。

本安电气系统基本有两种形式。

a. 由电池、蓄电池供电的独立的本安电气系统。

b. 由电网供电的包括本安和非本安电路混合的电气系统。

构建本安电气系统，必须具备两个条件：即安装在危险场所的电气设备本身应是本安型防爆电气；同时，在非危险场所与危险场所之间设置限能、限压、限流的本安关联设备，限制一般电路的危险能量窜入危险场所。在爆炸危险场所，对于弱电类电气系统，有条件应构建本安型电气系统，以实现安全火花防爆。

本安电气系统一般由本安设备、本安关联设备和外部配线（包括本安电路和非本安电路）三者构成，如图 4-11 所示。

本安关联设备（简称关联设备）是指与本安设备有电气连接并可能影响其本安性能的有关设备，如齐纳式安全栅、电阻式安全栅、变压器隔离式安全栅及其他具有限流、限压功能的保护装置等。对于置于危险场所的隔爆兼本安型（关联）复合式电气设备，隔爆外壳中的部分即为关联设备。

在图(a)中，本安关联设备必须符合本安防爆结构兼具有与其场所相应的防爆结构，例如采用隔爆外壳。

在本安电气线路选择、配线与敷设中，除满足一般的电气线路防爆要求外，还应注意以下几点。

① 本安电路及本安关联电路的电缆和绝缘导线的芯线应为最小截面不小于 $0.5mm^2$ 的铜绞线，绝缘耐压强度最低为 500V。

② 本安型设备或与本安型设备相关联设备的配线连接应牢固可靠，并应有防松措施或自锁装置，接线端子外露导电部分应穿绝缘保护套管。与爆炸危险场所的本安关联设备连接时，应

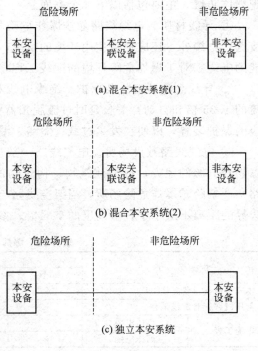

图 4-11 本安电气系统示意图

按规定选用相应的防爆接线盒加以保护。本安电路的外部配线，原则上不得在爆炸危险场所相互连接或分路。

③ 本安电路与关联电路和其他电路不得共用同一电缆或钢管。

④ 本安电路和非本安电路通过同一接线端子箱与电气设备的引线连接时，本安电路应有专用的端子板，且两个电路的端子板之间应装设绝缘隔板（或接地的金属板）或有不小于50mm的安全距离。本安电路与本安关联电路的配线必须做到与非本安电路的配线间不发生混触、静电感应及电磁感应。

⑤ 本安电路原则上不得接地，但有特殊要求的场合应按产品说明书和设计要求接地。电缆屏蔽层仅允许一处接地，并应在非爆炸危险场所内进行接地。

3. 保持隔离和间距，提高防护能力

按规范选择合理的安装位置，保持必要的安全间距是防火防爆的一项重要措施。

为防止电火花或危险温度引起火灾，开关、插销、熔断器、电热器具、照明器具、电焊器具、电动机等均应根据需要，适当避开易燃易爆建筑构件。

变、配电站是工业企业的动力枢纽，电气设备较多，而且有些设备工作时产生火花和较高温度，其防火、防爆要求比较严格。室外变、配电装置距堆场、可燃液体储罐和甲、乙类厂房和库房不应小于25m；距其他建筑物不应小于10m；距液化石油气罐不应小于35m。变压器油量越大，防火间距也越大，必要时可加防火墙。石油化工装置的变、配电室还应布置在装置的一侧，并位于爆炸危险区范围以外。

10kV及以下变、配电室不应设在火灾危险区的正上方或正下方，且变、配电室的门窗应向外开，通向非火灾危险区域。10kV及以下的架空线路，严禁跨越火灾和爆炸危险场所；当线路与火灾和爆炸危险场所接近时，其水平距离一般不应小于杆柱高度的1.5倍。在特殊情况下，采取有效措施后，允许适当减小距离。

采用耐火设施对现场防火有很重要的作用，如为了提高耐火性能，木质开关箱内表面衬以白铁皮。

4. 可靠接地

爆炸和火灾危险场所内的电气设备的金属外壳必须按规定可靠接地（或接零），以便在发生相线碰壳时迅速切断电源，防止短路电流长时间通过设备而产生高温发热。

为了防止电气设备带电部件接地产生电火花或危险温度而形成引爆源，《电力设备接地设计技术规程》中规定在一般情况下可以不接地的部分，在爆炸危险区域内仍应接地，具体如下。

① 在导电不良的地面处，交流额定电压为380V以下和直流额定电压为440V以下的电气设备正常时不带电的金属外壳。

② 在干燥环境，交流额定电压为127V以下，直流电压为110V以下的电气设备正常时不带电的金属外壳。

③ 安装在已接地的金属结构上的电气设备。

④ 敷设铠装电缆的金属构架。

爆炸危险环境1区、10区内以及2区内，除照明灯具以外的所有电气设备，应采用专门接地线，该接地线若与相线敷设在同一保护管内时，应具有与相线相等的绝缘。在这种情况下，爆炸危险环境的金属管线、电缆的金属包皮等，只能作为辅助接地线。

2区、11区内的照明灯具，可利用有可靠连接的金属管线系统作为接地线，但不得利用输送爆炸危险物质的管道。

为了提高接地的可靠性，接地干线宜在爆炸危险区域不同方向，不少于两处与接地体相连。

在爆炸危险场所中，凡生产、储存、输送物料过程中有可能产生静电的管道、送引风道设备均应作静电接地，同时，对装置、管道连接部位要进行静电跨接防护。

生产或储存爆炸危险物质的建筑物、构筑物、露天装置、储罐和金属管道等，应采取防止直接雷击、雷电感应和雷电波侵入而产生电火花引起爆炸的接地措施。建筑物或构筑物内的金属物件（如设备、管道等）均应作防止雷电感应和雷电波侵入的接地措施。引入爆炸危险场所的电缆金属外皮应接地，电缆与架空线连接处应设置适当的避雷器，并采取接地措施。引入爆炸危险场所的架空管线，在入户处必须接地或多点重复接地。

矿井的中性点不接地系统，其接地电阻值不大于 2Ω。

工厂的中性点不接地系统，其接地电阻值不大于 10Ω。

工厂的中性点接地系统，其接地电阻值不大于 4Ω。

工矿的防雷保护接地，其接地电阻值不大于 10Ω。

工矿的防静电保护接地，其接地电阻值一般不大于 100Ω。

5. 加强通风，降低危险等级

在爆炸危险场所，良好的通风装置能降低爆炸性混合物的浓度，达到不致引起火灾和爆炸的限度，同时还有利于降低环境温度，这对可燃易燃物质的生产、储存、使用及对电气装置的正常运行都是必要的。

6. 保持电气设备正常运行

加强维护保养检修，保持电气设备的电压、电流、温升等参数不超过允许值，防止设备过热；保持电气设备足够的绝缘能力，避免人身触电事故，同时避免漏电、短路打火；保持电气连接良好，避免连接部位升温、打火；保持设备清洁，有利于绝缘同时又有利于通风和冷却，提高防火能力。

7. 加强火灾监控，提高防护等级

火灾监控系统是设置在建筑物中或其他场所中，以火灾为监控对象，根据防灾要求和特点而设计、构成和工作的自动消防设施。通过火灾监控系统能及时发现和通报火情，并可采取有效措施控制和扑灭火灾。

火灾监控系统的结构原理如图 4-12 所示，它是由自动监测报警和自动控制灭火两个联动的子系统构成。

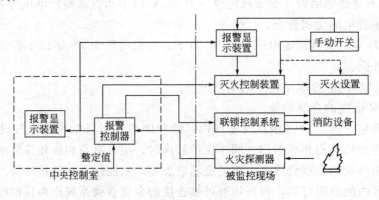

图 4-12　火灾监控系统构成原理框图

系统的工作原理是：被监控场所的火灾信息（如烟雾、温度、火焰光、可燃气等）由探测器监测感受并转换成电信号形式送往报警控制器，由控制器判断、处理和运算，确认火灾后，则产生若干输出信号和发出火灾声光警报，一方面使所有消防联锁子系统动作，关闭建筑物空调系统、启动排烟系统、启动消防水加压泵系统、启动疏散指示系统和应急广播系统等，以利于人员疏散和灭火；另一方面使自动消防设备的灭火延时装置动作，经规定的延时后，启动自动灭火系统（如气体灭火系统等）。

三、消防供电和电气灭火

1. 消防供电

按照防火防爆规程及消防规程、供电规程，对于大型建筑物、重要的场所、规模较大的危险场所等，其消防设备（如消防控制室、消防水泵、消防电梯、消防排烟设备、火灾报警装置、火灾事故照明、疏散指示标志和电动防火门窗、卷帘、阀门等）均应采用一级负荷供电。

消防用电设备配电线路应设置单独的供电回路。即要求消防用电设备配电线路与其他动力、照明线路（从低压配电室至最末一级配电箱）分开单独设置，以保证消防设备用电。

消防配电设备应有明显标志。

在有众多人员聚集的大厅及疏散出口处、高层建筑的疏散走道和出口处、建筑物内封闭楼梯间、防烟楼梯间及其前室，以及消防控制室、消防水泵房等处应设置事故照明。

2. 电气灭火

从灭火的角度出发，电气火灾有两个特点：一是电气设备着火或引起火灾后并未与电源断开，仍然带电；二是有些电气设备（如电力变压器、断路器、电动机启动装置等）本身充油，发生火灾时，可能喷油甚至爆炸，造成火灾蔓延，扩大火灾范围。

（1）触电危险和断电　电气设备或电气线路发生火灾，如果没有及时切断电源，扑救人员身体或所持器械可能接触带电部分而造成触电事故；使用导电的灭火剂，如水枪射出的直流水柱、泡沫灭火器射出的泡沫等射至带电部分，也可能造成触电事故。火灾发生后，电气设备可能因绝缘损坏而碰壳短路；电气线路可能因电线断落而接地短路，使正常时不带电的金属构架、地面等部位带电，也可能导致接触电压或跨步电压触电危险。

因此电气灭火必须根据其特点，采取适当措施。根据现场条件，可以断电的首先要设法切断电源，断电灭火。

切断电源应注意以下几点。

① 火灾发生后，由于受潮和烟熏，开关设备绝缘能力降低，因此，拉闸时最好用绝缘工具操作。

② 高压应先操作断路器而不应先操作隔离开关切断电源，低压应先操作电磁启动器而不应先操作刀开关切断电源，以免引起弧光短路。

③ 切断电源的地点要选择适当，防止切断电源后影响灭火工作。

④ 剪断电线时，不同相的电线应在不同的部位剪断，以免造成短路。剪断空中的电线时，剪断位置应选择在电源方向的支持物附近，以防止电线剪后断落下来，造成接地短路和触电事故。

（2）带电灭火安全要求　有时，为了争取灭火时间，防止火灾扩大，来不及断电；或因灭火、生产等需要，不能断电，则需要带电灭火。带电灭火需注意以下几点。

① 应按现场特点选择适当的灭火器。二氧化碳灭火器、干粉灭火器的灭火剂都是不导电的，可用于带电灭火。泡沫灭火器的灭火剂（水溶液）有一定的导电性，而且对电气设备的绝缘有影响，不宜用于带电灭火。

② 用水枪灭火时宜采用喷雾水枪，这种水枪流过水柱的泄漏电流小，带电灭火比较安全。用普通直流水枪灭火时，为防止通过水柱的泄漏电流通过人体，可以将水枪喷嘴接地（即将水枪接入埋入接地体，或接向地面网络接地板，或接向粗铜线网络鞋套）；灭火人员还应该穿戴绝缘手套、绝缘靴或穿戴均压服操作。

③ 人体与带电体之间保持必要的安全距离。用水灭火时，水枪喷嘴至带电体的距离：电压为 10kV 及其以下者不应小于 3m，电压为 220kV 及其以上者不应小于 5m。用二氧化碳等有不导电灭火剂的灭火器灭火时，机体、喷嘴至带电体的最小距离：电压为 10kV 者不应小于 0.4m，电压为 35kV 者不应小于 0.6m 等。

④ 对架空线路等空中设备进行灭火时，人体位置与带电体之间的仰角不应超过 45°。

(3) 充油电气设备的灭火 扑灭充油设备内部火灾时，应该注意以下几点。

① 充油设备外部着火时，可用二氧化碳灭火器、1211 灭火器、干粉灭火器等灭火；如果火势较大，应立即切断电源，用水灭火。

② 如果是充油设备内部起火，应立即切断电源，灭火时使用喷雾水枪，必要时可用砂子、泥土等灭火。外泄的油火，可用泡沫灭火器熄灭。

③ 如油箱破坏，喷油燃烧，火势很大时，除切断电源外，有事故储油坑的应设法将油放进储油坑，坑内和地面上的油火可用泡沫扑灭。要防止燃烧着的油流入电缆沟而顺沟蔓延，电缆沟内的油火只能用泡沫覆盖扑灭。

复习思考题四

一、简答题

1. 什么电气火灾爆炸？发生电气火灾爆炸的两个条件是什么？
2. 电气火灾爆炸的产生原因是什么？
3. 我国对爆炸危险物质的类别、级别与组别是如何划分的？
4. 什么是火灾爆炸危险场所？我国对火灾爆炸危险场所是如何划分的？
5. 什么是释放源？如何分级？确定的原则是什么？
6. 判断爆炸危险场所的危险性的主要依据有哪些？为何要重视通风状况？
7. 判断为非危险场所应具备哪些条件？
8. 什么是爆炸危险场所区域范围？以释放源为中心，依据哪些因素进行划分？
9. 电气设备防爆原理主要分为哪几类？满足防爆要求的电气设备有哪些类型？
10. 防爆电气设备定义了哪些等级？与爆炸危险物质等级有何关系？
11. 电气设备的防爆标识格式如何？防爆标志为 ia Ⅱ AT5 的防爆电气设备其标志代表的意义是什么？
12. 选择防爆电气设备的依据及要求是什么？
13. 爆炸危险场所防火防爆的基本原则是什么？
14. 电气防火防爆的基本措施包括哪些方面？
15. 电气线路防火防爆应从哪些方面考虑？
16. 何为本安电气系统？包括哪几个环节？构成本安电气系统的条件是什么？

17. 电气火灾爆炸的两个突出特点是什么？扑灭电气火灾过程中，在切断电源时应该注意的问题有哪些？

18. 电气设备灭火应考虑哪些安全要求？充油设备的灭火须知是什么？

二、选择题

1. 生产设备周围环境中，悬浮粉尘、纤维量足以引起爆炸；以及在电气设备表面形成层积状粉尘、纤维而可能形成自燃或爆炸的环境。下列分区中属于粉尘、纤维爆炸危险区域的是（　　）。
   A. 1区　　　　B. 2区　　　　C. 10区　　　　D. 11区　　　　E. 21区

2. 爆炸性气体环境根据爆炸性气体混合物出现的频繁程度和持续时间，被分为（　　）。
   A. 0区、1区和2区　　　　B. 10区、11区
   C. 21区、22区和23区　　D. T1～T6组

3. 在正常情况下不会释放，即使释放也仅是偶尔短时释放的释放源为（　　）释放源。
   A. 连续级　　　B. 一级　　　C. 二级　　　D. 多级

4. 具有悬浮状、堆积状的可燃粉尘或纤维，虽不可能形成爆炸混合物，但在数量和配置上能形成火灾危险的环境，这样的环境被划为（　　）。
   A. 10区　　　B. 21区　　　C. 22区　　　D. 23区

5. （　　）电气设备是具有能承受内部的爆炸性混合物的爆炸而不致受到损坏，而且通过外壳任何结合面或结构孔洞，不致使内部爆炸引起外部爆炸性混合物爆炸的电气设备。
   A. 增安型　　　B. 本质安全型　　　C. 隔爆型　　　D. 充油型

6. 爆炸性气体环境的电气线路应敷设在爆炸危险性较小或距离释放源较远的位置。当易燃物质比空气重时，电气线路应在（　　）；架空敷设时宜采用电缆桥架；电缆沟敷设时沟内应充砂，并宜设置排水设施。
   A. 建筑物的内墙敷设　　　　B. 较低处敷设
   C. 电缆沟敷设　　　　　　　D. 较高处敷设或直接埋地

7. 爆炸性气体环境中，当易燃物质比空气轻时，电气线路宜（　　）。
   A. 在较高处敷设或直接埋地　　　B. 在较低处敷设或电缆沟敷设
   C. 在电缆沟敷设，沟内应充砂，并宜设置排水设施
   D. 沿建筑物的内墙敷设

第五章 石油化工生产企业电气安全

> **学习目标**
> 通过本章的学习，应达到以下目的。
> 1. 掌握化工企业供电设备的安全技术、电气设备安全用电及安全管理制度、操作规程。
> 2. 了解动力、照明及电热系统的防火防爆有关知识。
> 3. 掌握电气线路与设备检修作业规范。

第一节 化工生产企业供电安全要求

一、概述

1. 用电负荷的分类

电力用户是指电力系统中的用电负荷，电能的生产和传输最终是为了供用户使用。不同的用户，对供电可靠性的要求不一样。根据用户对供电可靠性的要求及中断供电造成的危害或影响的程度，把用电负荷分为三级。

(1) 一级负荷　一级负荷为中断供电将造成人身伤亡并在政治、经济上造成重大损失的用电负荷。

(2) 二级负荷　二级负荷为中断供电将造成主要设备损坏，大量产品报废，连续生产过程被打乱，需较长时间才能恢复，从而在政治、经济上造成较大损失的负荷。

(3) 三级负荷　不属于一级和二级负荷的一般负荷，即为三级负荷。

在上述三类负荷中，一级负荷一般应采用两个独立电源供电，其中一个为备用电源。对于二级负荷，一般由两个回路供电，两个回路的电源线应尽量引自不同的变压器或两段母线。对于三级负荷无特殊要求，采用单电源供电即可。

2. 化工企业的供电要求

化工企业所用原材料，大多是可燃性液体或爆炸性气体，或强酸强碱等腐蚀性有机物质。生产过程大多在高温、高压条件下进行，生产是连续化的，一般生产周期较长，对供电可靠性要求很高。一旦供电中断，大量的产成品、半成品报废，恢复生产需要较长时间。有些装置供电中断，会造成火灾或爆炸，人员和建筑设备将造成伤亡和损害，故化工企业的负荷等级大部分是一级和二级。

化工企业多属易燃易爆、腐蚀性强的生产环境，根据原材料、产成品的闪点，按爆炸危险场所等级划分多属1区，个别场所属0区，防火等级多为12区或11区。因此，化工企业对供电要求是连续可靠，不可以无计划地中止供电。

二、化工企业供电的意义和要求

化工企业是电力用户,它接受从电力系统送来的电能。工厂供电就是指工厂把接受的电能进行降压,然后再进行供应和分配。工厂供电是企业内部的供电系统。

工厂供电工作要很好地为工业生产服务,切实保证工厂生产和生活用电的需要,并做好节能工作,这就需要有合理的工厂供电系统。合理的供电系统需达到以下基本要求。

① 安全:在电能的供应分配和使用中,不应发生人身和设备事故。
② 可靠:应满足电能用户对供电的可靠性要求。
③ 优质:应满足电能用户对电压和频率的质量要求。
④ 经济:供电系统投资要少,运行费用要低,并尽可能地节约电能和材料。

此外,在供电工作中,应合理地处理局部和全部、当前和长远的关系,既要照顾局部和当前利益,又要顾全大局,以适应发展要求。

三、化工企业供电系统组成

1. 降压变电所

化工企业的总降压变电所,电源一般取自电业部门营业线,多采用双回进线,单母线分段,内桥(或外桥)式接线,母联设低电压、过电流保护。有的化工企业由于用电和用汽量大,设置自备热电站,则供电更为可靠。工厂供电系统由高压及低压两种配电线路、变电所(包括配电所)和用电设备组成。一般大、中型工厂均设有总降压变电所,把35~110kV电压降为6~10kV电压,向车间变电所或高压电动机和其他高压用电设备供电,总降压变电所通常设有一两台降压变压器。

在一个生产车间内,根据生产规模、用电设备的布局和用电量的大小等情况,可设立一个或几个车间变电所(包括配电所),也可以几个相邻且用电量不大的车间共用一个车间变电所。车间变电所一般设置一两台变压器(最多不超过三台),其单台容量一般为1000

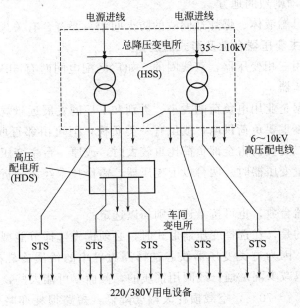

图 5-1 大、中型工厂供电系统

kV·A或1000kV·A以下（最大不超过1800kV·A），将6～10kV电压降为220/380V电压，对低压用电设备供电。一般大、中型工厂供电系统如图5-1所示。

小型化工企业，所需容量一般为1000kV·A或稍多，因此，只需设一个降压变电所，由电力网以6～10kV电压供电，其供电系统如图5-2所示。

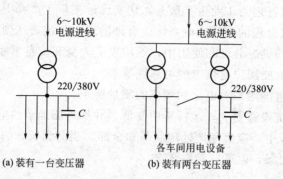

图5-2 小型工厂供电系统

变电所中的主要电气设备是降压变压器和受电、配电设备及装置。用来接受和分配电能的电气装置称为配电装置，其中包括开关设备、母线、保护电器、测量仪表及其他电气设备等。对于10kV及10kV以下系统，为了安装和维护方便，总是将受电、配电设备及装置做成成套的开关柜。

2. 总降压变电所选址要求

① 应接近负荷中心。
② 进出线方便，高压架空进线走廊有规定的宽度和空间。
③ 有利于工厂发展，有扩建的可能。
④ 便于主变压器等大型设备的搬运。
⑤ 环境清洁，在污染源的上风侧。
⑥ 避免设置在振动剧烈的地方。
⑦ 与露天油罐、可燃液体、爆炸性储罐的防火间距，要符合有关规程的规定。

3. 总降压变电所主变压器台数及形式的选择

主变压器一般选用三相变压器，双线圈的。如厂区配电同时有6kV及10kV两种电压，则应选用三线圈的变压器。

变压器台数应根据企业用电负荷的大小、类别和工厂的发展远景规划等因素确定。

一台变压器用于不重要负荷供电，或虽有一类负荷，但可由邻近取得低压备用电源时。两台变压器用于一、二类负荷占全部负荷比重较大时，或原一台主变压器的变电所由于生产发展，又不能换大容量变压器时。两台以上变压器，需作技术经济分析计算，有优越性时才予以考虑。

车间变电所变压器台数，也可按上述原则加以选定。

在此应着重指出的是，在选择变压器形式时，必须优先选择节能型变压器（当前比较流行的是 S_7、S_9 等型），因为这类变压器铁芯选择高磁导率的优质冷轧硅钢片，铁芯采用绑扎，尽量减少穿钉，以减少漏磁通，线圈用铜质的，截面尽可能大些，所以其空载电流较老式T型变压器减少50%～70%，空载损耗大幅度降低，短路损耗亦略有降低，总损耗明显下降，因而达到节能降耗的目的。

4. 配电线路

化工企业高压配电线路主要作为厂区内输送、分配电能之用。高压配电线路应尽可能采用架空线路，因为架空线路建设投资少且便于检修维护。但在厂区内，由于对建筑物距离的要求和管线交叉、腐蚀性气体等因素的限制，不便于架设架空线路时，可以敷设地下电缆线路。

工业企业低压配电线路主要作为向低压用电设备输送、分配电能之用。户外低压配电线路一般采用架空线路，因为架空线路与电缆相比有较多优点，如成本低、投资少、安装容易、维护和维修方便、易于发现和排除故障。

电缆线路与架空线路相比，虽具有成本高、投资大、维修不便等缺点，但是它具有运行可靠、不易受外界影响、不需架设电杆、不占地面空间、不碍观瞻等优点，特别是在有腐蚀性气体和易燃易爆场所，不宜采用架空线路时，则只有敷设电缆线路。随着经济发展，在现代化工厂中，电缆线路得到了越来越广泛的应用。在车间内部则应根据具体情况，用明敷配电线路或用暗敷配电线路。

在工厂内，照明线路与电力线路一般是分开的，可采用220/380V三相四线制，尽量由一台变压器供电。

第二节 石油化工装置的电气安全

一、概述

化学工业是利用化学反应和状态变化等手段使物质本来具有的性质发生变化，制造出化学品的制造业，是一个历史悠久、多品种、在国民经济中占有重要地位的工业部门。

石油化学工业是以石油或天然气为原料，经过化工过程而制取各种石油化工产品的工业。石油化学工业所包括的范围越来越广泛。以石油炼厂气、油田伴生气及各种石油馏分为原料，经过裂解、分离，可以生产出烯烃（乙烯、丙烯、丁二烯）、芳烃（苯、甲苯、二甲苯）等有机合成的基础原料，然后再由这些原料合成一系列重要的有机产品（醇、醛、酸、酯、苯乙烯等），并进一步生产出合成树脂、合成纤维、合成橡胶等。此外，石油化工产品还扩展到合成洗涤剂、塑料、石油蛋白、染料、医药、农药、炸药等各个方面。

目前我国的化学工业已经发展成为一个拥有化学矿山、化学肥料、基本化学原料、无机盐、有机原料、合成材料、农药、染料、涂料、感光材料、国防化工、橡胶制品、助剂、试剂、催化剂、化工机械和化工建筑安装等多个行业的庞大的工业生产部门，产品品种达40000余种。

石油、化工生产是危险性较大的行业，这主要是由所处理物料的危险性及工艺过程的危险性所决定的。

① 所处理的物料（原料、中间产物及成品等）大多具有易燃易爆的特性，如石油、汽油、氢气、一氧化碳、甲烷等。有些物料往往有毒，有的毒性还很强，如一氧化碳、氨气、氯气、硫化氢、光气等。此外，有些物质甚至还具有很强的腐蚀性，如盐酸、硫酸等。

② 工艺过程复杂，工艺条件苛刻，工艺上常常需要高压、高温或深度冷冻等。

③ 作业方式多样化。石油炼制及相关的石油化工生产装置规模大型化、连续化、自动

化；染料、农药等化工生产常采用间歇式生产方式，产量不大、品种繁多；钻井、采油作业等因在野外作业，不得不在各种恶劣的气候条件下工作。

在化工生产过程中往往用各种仪器仪表、自动化装置代替人的劳动，实现对生产操作和控制。主要表现在利用各种泵实现增压、增速、输送物资到指定地点；利用各种阀门控制管道中的流体流量；利用各种控制系统实现优化生产，提高生产效益，利用各种检测、监控仪表保证生产高效、安全地进行。要保证化工生产的安全、有效进行，首先要保证电气安全。

化工企业的电气安全主要包括变电站的供电安全，各种用电设备的用电安全，各种自动化仪表和控制系统的用电安全。

在石油化工企业，根据电气设备产生电火花、电弧和危险温度等特点，采取各种防爆措施，以使各种电气设备在有爆炸危险的区域安全使用。

在火灾爆炸危险环境使用的电气设备，在运行过程中，必须具备不引燃周围爆炸性混合物的性能。满足要求的电气设备有隔爆型、增安型、本质安全型、正压型、充油型、充砂型、无火花型、粉尘防爆型和防爆特殊型等。

二、变电站的供电安全

1. 安全隐患

化工企业供电系统主要是由变压器、电动机、断路器及电缆等设备组成。由于各种因素的影响，电气设备随时可能受到外部和内部过电压的侵袭。过电压出现的时间虽然短暂，但由于其峰值高、波形陡，对电气设备威胁很大。偶尔一次过电压可能不至于将电气设备损坏，但已使设备绝缘受到不可逆的损害，多次过电压的积累作用使设备的绝缘耐受能力逐步下降，以至于最后一次并不大的电压波动都会将绝缘击穿。

电气设备在运行中的过电压有来自外部的雷电过电压和由于系统参数发生变化时电磁能产生振荡、积聚而引起的内部过电压两种类型。按其产生的原因雷电过电压又分为直击雷过电压、感应雷过电压及雷电侵入波过电压；内部过电压主要分为暂时过电压及操作过电压。在操作过电压中又分为操作电容负荷过电压、操作电感负荷过电压以及间歇性电弧接地过电压。

在化工企业，由于真空断路器的广泛采用，以及电网规模不断扩大，电缆的使用越来越多，使开断空载变压器及高压电动机等电感负荷产生的操作过电压和单相接地时电弧不能自熄形成的间歇性弧光接地过电压越来越严重，成为电网及设备安全运行的主要威胁。主要原因如下。

① 真空断路器分断速度快、灭弧能力强，在开断电感负荷时有可能不是在电流经过工频零点时熄弧，而是在电流瞬时值尚为 i 时，被迫在极短的时间内下降到零，从而产生截流过电压和三相同时截流过电压。另外开断后还会产生高频振荡，使断路器发生多次重燃过电压，主要表现为相间过电压，幅值最高可以达到 $3.5U_\varphi$，而相地过电压数值仅为相间过电压的 1/2 左右。例如，2003 年 3 月，山东某化肥厂 10kV 高压电机在正常运转中突然冒烟短路，经检查该电机定子线圈绝缘击穿。电机匝间绝缘击穿是由于操作过电压造成电机绝缘积累性质伤，最终导致高压电机的绝缘击穿。

② 化工企业 6～10kV 系统均采用中性点不接地运行方式。随着电网规模不断扩大，电缆的使用越来越多，使系统对地电容电流大幅度上升，在单相接地的故障点电弧不能自动熄弧，从而发生电弧周期性的熄灭与重燃，出现间歇电弧，引起电网产生高频振荡，形成过电

压。这种间歇性弧光接地过电压幅值可能超过 $3.5U_\varphi$，而且过电压持续的时间可以达到数十分钟或更长，波及范围广，对电气设备危害严重。例如，山东某化肥厂一个 10kV 真空开关柜爆炸，造成开关柜报废性损坏。真空开关柜发生爆炸是由于间歇性弧光接地引起的。

目前，化工企业对过电压的防护一般只采用安装避雷器（以下简称 MOA）的方法，其接线采用三星形接法，如图 5-3 所示，执行国标 GB11032—89，如 10kV 的 MOA 的操作冲击电流残压 $U_{残} \geq 25\text{kV}$，那么，该种保护可以将相对地过

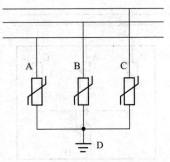

图 5-3 三星形接法的避雷器

电压 U_{AD}、U_{BD}、U_{CD} 限制在 25kV 左右。而对相间过电压 U_{AB}、U_{AC}、U_{BC} 的保护是由两只 MOA 叠加完成的，其残压为 $U_{残}=2\times25\text{kV}=50\text{kV}$。而运行中的高压电动机相对地及相间绝缘所能耐受的过电压数值可用下式计算：

$$U_R = (2U_e + 1) \times 0.75 \times k$$

式中　U_e——电动机额定电压，V。
　　　k——冲击系数，我国一般取 1.15～1.25。

当电动机额定电压 $U_e=10\text{kV}$，冲击系数 k 取 1.2 时，可以得出电动机的绝缘耐受能力 $U_R=18.9\text{kV}$，对照 MOA 的保护水平相地电压为 25kV、相间电压为 $2\times25\text{kV}=50\text{kV}$ 可以看出，该保护方式对系统中的相对地过电压可以起到一定的保护作用，而对相间过电压根本无法保护。每次过电压必然对电气设备造成冲击，形成积累性损伤，使绝缘下降。当绝缘下降到一定程度时，将会加速其老化。如果电动机绝缘耐受电压低于避雷器的设计保护值，即使在正常运行电压下电动机也会发生绝缘损伤而形成匝间短路。

对间歇性弧光接地过电压，多数化工企业没有针对性的防护措施。当系统发生单相接地时，系统因有接地电容电流的存在而形成间歇性弧光接地过电压，其幅值高，持续时间较长，致使 MOA 无法承受而爆炸。MOA 的爆炸又引起相间或相地短路起火，导致开关柜的烧毁，事故进一步扩大，往往一次故障造成多处设备的损坏。

2. 防范的基本原则

为了实现对过电压的可靠防护，保障电气设备以及保护器自身的安全运行，必须针对过电压产生的原因、持续时间、量值范围等采取针对性防护措施。一套完备的保护必须具备以下三个要素，缺一不可。

(1) 保护的全面性　保护要考虑系统各种可能的过电压，而不是针对某一种工况。如 MOA 只能限制系统相对地过电压，而对相间过电压则无能为力。

(2) 绝缘配合的可靠性　对过电压防护的目的是为了保护设备绝缘的安全，所以保护装置的参数设计必须与设备的绝缘耐受能力进行合理匹配。

(3) 保护装置自身的安全性　在对电气设备能够可靠保护的前提下，保护装置自身必须能够安全运行，否则，不仅保护不了设备绝缘，反而造成系统中的事故隐患。

3. 外部过电压的防护

对于直击雷及感应雷过电压，目前国内较多的采用避雷网、避雷针进行防护；对于雷电侵入波过电压，由于其表现形式主要为相对地过电压，一般采用 MOA 加以防护。

4. 瞬时内部操作过电压的防护

内部过电压主要表现为相间过电压，三星形接法的 MOA 对相间过电压基本没有防护作

用,在这种情况下,安装组合式避雷器是一种可行的保护方案。

相对于老式的MOA,KY组合式避雷器一般采用四星形接法,如图5-4所示。由A、B、C、D四个保护单元两两组合成六只完整的避雷器,分别保护三相对地过电压和相间过电压,使保护的全面性大大提高。

MOA保护动作后的瞬时残压值偏高,对雷电产生的相对地过电压保护作用比较勉强,对相间过电压完全没有保护作用。而KY组合式避雷器对相地过电压和相间过电压具有同等的保护作用,相对地过电压的保护性能优于避雷器,而相间过电压更是下降了60%~70%,保护的全面性以及与电动机绝缘水平(25kV)配合的可靠性都大大提高。

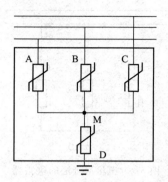

图5-4 组合式避雷器基本原理

5. 间歇性弧光接地过电压的防护

耐受过电压和限制过电压是两个不同的概念,耐受过电压是指避雷器在一定幅值、一定时间的过电压作用下,不会发生异常和爆炸。避雷器必须能够耐受瞬时的内部操作过电压,否则自身安全无法保障。对这类过电压,一般采用中性点经消弧线圈的运行方式,或者安装XHB消弧限压装置。

中性点消弧线圈接地的保护方式主要原理是利用电感电流与电容电流在相位上差180°的原理,用电感电流补偿对地电容电流。但现行所有以消弧线圈设计的自动跟踪补偿或自动调谐是在电网工频(50Hz)下完成的。消弧线圈自动跟踪或自动调谐可以对电容电流进行一定程度上的补偿,减少弧光接地发生的概率。

XHB消弧限压装置是在不改变系统运行方式的情况下,采用计算机集中监测,利用氧化锌(ZnO)非线性电阻元件与消弧电阻组合限压消弧,基本原理如图5-5所示。综合控制器ZK通过对信号转换器ST以及电阻输送的信号进行计算处理,判断故障相别及属性,根据过电压性质以及接地属性分别作出处理。

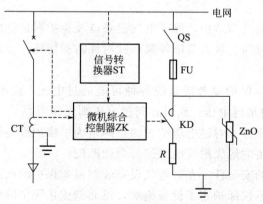

图5-5 XHB基本原理

对于瞬时的雷电过电压或操作过电压等,由ZnO电阻对过电压进行限制并吸收其能量,过电压消除后,系统自动恢复正常工作。如果接地故障是稳定的金属性接地,则ZK仅发出故障相别的指示信号,由微机选线装置查找接地故障点,并报警值班人员进行排除。如果接地故障是间歇性弧光接地,首先由ZnO电阻将过电压限制在一个较低的水平,并提供信号给综合控制器 ZK，ZK 通过对信号转换器以及 ZnO 电阻提供的信号进行计算处理，判别出接地故障发生的相别及接地性质，发出指令将对应相的快速电子开关 KD 闭合，使灭弧电阻投入，系统由不稳定的弧光接地转变为稳定的电阻接地，将弧光消除，把过电压控制在规程允许的范围以内，同时进行故障的查找及排除。

XHB 保护方式，可以快速地抑制作用时间长、对系统及设备安全威胁最大的弧光接地过电压，消除谐振过电压。同时，系统中的各类过电压均被限制到较低电压水平，其限制过电压的功能将比装设消弧线圈更可靠、更完善；整套装置限制过电压的机理与电网对地电容电流的大小无关，因而其保护性能不随电网运行方式的改变而变化，电网的扩大也无影响。该装置特别适用于必须保护供电连续性的化工企业。

为了进一步加强系统的可靠性，也可以将消弧线圈与 XHB 同时使用。当系统发生间歇性弧光接地时，通过消弧线圈进行补偿，如果补偿后接地电流较小，电弧可自行熄灭，XHB 不动作；否则 XHB 可以准确动作，有效限制系统弧光接地过电压。

三、电气设备的安全用电

化工生产具有易燃、易爆、易中毒、高温、高压、有腐蚀等特点，因而化工生产较其他工业部门有更大的危险性。在化工生产中，各类事故的发生往往是由于工作人员违章作业、违章指挥、违反劳动纪律引起的。据统计，在已经发生的各类事故中，由于工作人员"三违"引发的占到 75% 左右，而这些事故最直接的表象一般都是设备的破坏。在电气设备事故中，其伤害导致的死亡率比起大多数其他类别的事故要高——如果发生电气事故，这种比例为 1/40。触电的后果有：电击伤，伤害是因电流穿过人体的神经、肌肉及器官，产生异常的作用（例如心脏停止工作）而造成的；电烧伤，因为电流的热效应，烧伤了人体的组织而引起伤害；电起火，因产生过热或者电弧接触到燃料而引起，可引起化工企业产生起火爆炸。因此，在化工生产中加强电气设备安全管理尤为重要。

1. 电气设备故障的原因

电气故障及停电的常见主要原因如下。

① 绝缘损坏。
② 工作系统不合理。
③ 电流保护器不合理（保险丝、闸盒）。
④ 接地不合理。
⑤ 粗心大意和自以为是。
⑥ 仪器过热。
⑦ 漏电。
⑧ 接触不良。
⑨ 接插件没有保护。
⑩ 电路中元件参数不对。
⑪ 维护及测试不良。

2. 电气事故的预防

防止电气事故，可以从以下几方面着手。

（1）接地　使用金属的盒、管、架等提供一个与地相连的电极。应由有资格的人员定期地对系统进行检查和测试。

（2）电源　电源电压必须与电气设备额定电压相同（三相电压变动量应在5%范围内）。供电变压器的容量必须满足机械设备的要求，并应按规定配备电动机的启动装置。

（3）绝缘　在靠近电路的非绝缘部分工作时，要考虑绝缘问题。在所有情况下，使装置"断开"应是一个主要的目标，除非这样做不可能。可以使用各种永久或临时的绝缘体，如电缆套、橡皮套等。

（4）保险丝　这是一些置于电路之上的金属条，当电路过热时，就会熔断而使电路断电。不同的保险丝会在不同的预先确定的电流下熔断。在选择保险丝时要考虑的一个因素是当保险丝起作用时，其所造成断电的时间间隔，有可能把那些不希望被切断的电路或者切断时间不合适的电路，置于风险之中。所用保险丝必须符合规定，严禁用其他金属代替。

（5）电闸　当出现电流过大时，会采用电磁原理发现并自动切断电路。所有用电设备都应在其线路上安装合格的触电保护器。

（6）漏电保护器　发现漏电并切断电流。

（7）电气操作人员上岗资格　只有经过国家特有工种安全培训并取得相应证书，才能持证上岗，可以从事安装、维护、测试及检验电气电路及设备的工作。电气设备必须由持证电工进行维修，修理前必须切断电源，并挂立"禁止合闸"牌或派人守闸，严防误送电。电动机驱动的机械设备在运行中移动时，应由穿戴绝缘手套和绝缘鞋的人移动电缆，并防止电缆擦损。如无专人负责电缆时，应由操作人员负责，以免损坏而导致触电事故。

（8）工作系统　在对电路及仪表作业时，要求断开开关并锁好，工作人员要亲自对仪表进行检查，以保证其处于"断开"状态。在已经确认的高风险的情况下工作时，要使用"动电工作许可制"制度。如果必须在通电的电路及仪表上作业时，要有严格的管制措施，而且一事一批准。要考虑使用橡皮或其他的非导电防护措施。为保证不直接参与工作的人员不暴露在这种风险之中，要使用围栏及警示通知。所有的工具及设备都必须是绝缘的。

（9）静电　在粉尘及液体运动的过程中，会产生电荷，它会产生电火花并且会对粉尘云团及可燃蒸气起点火作用。此外，在其他工作环境下，静电会使工人烦躁，也可能因有静电火花而造成其他事故。预防静电的措施有：接地；不使用或安装产生静电的设备；作业人员穿防静电鞋。

3. 电气设备事故的预防

在选择及使用电气设备、工具时，要记住如下要点。

① 替代选择：用气动工具替代电动工具，注意气动工具也有自身的危险。

② 关闭电路及装置的闸门：要安全、可靠地做到这一点。

③ 降压：对每一个电路，都要使用其可能的最低电压。

④ 电缆及插座保护：要保护电缆及插座不受外界及环境影响，这种影响有可能对电路及设备的完整性产生坏的作用，如雨。

⑤ 插销及插座：满足国家及地方的标准及规范，其适用的类别及形式都应正确。

⑥ 维护及测试：要由有资格的人员按照规定的时间间隔来进行，维护及测试的记录及数据将用来作为评估电路及装置的性能及质量和有没有损坏的基础。

⑦ 气体爆炸：在粉尘及可燃气体环境下，对于所采用的设备的选择要谨慎考虑，通常由规程确定可以使用的设备种类。

4. 防爆型电气设备的选用

① 在爆炸危险区域，应按危险区域的类别和等级，并考虑到电气设备的类型和使用条件。

在爆炸危险区域选用电气设备时，应尽量将电气设备（包括电气线路），特别是在运行时能产生火花的电气设备，如开关设备，装设在爆炸危险区域之外。如必须装设在爆炸危险区域内时，应装设在危险性较小的地点。如果与爆炸危险场所隔开的话，就可选用较低等级的防爆设备，甚至选用一般常用电气设备。

在爆炸危险区域采用非防爆型电气设备时，应采取隔墙机械传动。安装电气设备的房间，应采用非燃体的墙与危险区域隔开。穿过隔墙的传动轴应有填料或同等效果的密封措施。安装电气设备房间的出口应通向既无爆炸又无火灾危险的区域，如与危险区域必须相通时，则必须采取正压措施。

② 在火灾危险区域，应根据区域等级和使用条件选用电气设备。在火灾危险区域，有火花产生或外壳温度较高的电气设备尽量远离可燃物质；不得使用电热器具。

四、电气设备安全管理制度

1. 工厂电力线路的安全检查

电力线路是电力系统的重要组成部分，担负着输送电能的重要任务。但目前在部分工厂中，往往对电力线路的安全检查和运行维护重视不够，导致个别区段的电力线路的安全性降低，增大了发生电气事故的可能性。因此，加强工厂电力线路的安全检查是非常必要的。

（1）架空线路的安全检查 对厂区架空线路，一般要求每月进行一次安全检查。如遇大风、大雨及发生故障等特殊情况时，还需临时增加安全检查次数。架空线路的安全检查应重点检查以下项目。

① 电线杆子有无倾斜、变形、腐朽、损坏及基础下沉等现象。

② 沿线路的地面是否堆放有易燃易爆和强腐蚀性物质。

③ 沿线路周围有无危险建筑物。应尽可能保证在雷雨季节和大风季节里，这些建筑物不致对线路造成损坏。

④ 线路上有无树枝、风筝等杂物悬挂。

⑤ 拉线和板柱是否完好，绑托线是否紧固可靠。

⑥ 导线的接头是否接触良好，有无过热发红、严重老化、腐蚀或断脱现象；绝缘子有无污损和放电现象。

⑦ 避雷接地装置是否良好，接地线有无锈断情况。在雷雨季节到来之前，应重点检查。

（2）设备及室内线路安装注意事项

① 安装高压油开关、自动空气开关等有返回弹簧的开关设备时，应将开关置于断开位置。

② 多台配电箱（盘）并列安装时，手指不得放在两盘的接合处，也不得触摸连接螺孔。

③ 剔槽打眼时，锤头不得松动，铲子应无卷边、裂纹，应戴好防护眼镜。楼板、砖墙打透眼时，板下、墙后不得有人靠近。

④ 人力弯管器弯管，应选好场地，防止滑倒和坠落，操作时面部要避开。

⑤ 管子煨弯所用砂子必须烘干,装砂架子应搭设牢固,并设栏杆。用机械敲打时,下面不得站人,人工敲打上下要错开。管子加热时,管口前不得有人。

⑥ 管子穿带线时,不得对管口呼唤、吹气,防止带线钢丝弹力伤眼。穿导线时,应互相配合,防止挤手。

⑦ 安装照明线路时,不准直接在板条天棚或隔音板上通行及堆放材料。必须通行时,应在大梁上铺设脚手板。

(3) 室外电线安装的注意事项

① 电杆用小车搬运,应捆绑卡牢。人抬时,动作要一致,电杆不得离地过高。

② 人工立杆,所用叉木应坚固完好,操作时,互相配合,用力均衡。使用机械设备立杆,两侧应设溜绳。立杆时坑内不得有人,基坑夯实后,方准拆去叉木或拖拉绳。

③ 登杆前,杆根应夯实牢固。旧木杆杆根单侧腐朽深度超过杆根直径 1/8 以上时,应经加固后,方能登杆。

④ 登杆操作时脚扣应与杆径相适应。使用脚踏板,钩子应向上。安全带应控于安全可靠处,扣环扣牢,不准拴于瓷瓶或横担上。工具、材料应用绳索传递,禁止上下抛扔。

⑤ 杆上紧线应侧向操作,并应上紧螺栓。紧有角度的导线,应在外侧作业。调整拉线时,杆上不得有人。

⑥ 紧线用的铁丝或钢丝绳,应能承受全部拉力,与导线的连接必须牢固。紧线时,导线下方不得有人。单方向紧线时,反方向应设置临时拉线。

2. 变电所的运行与管理

做好变电所的运行与管理工作,是实现安全、可靠、经济、合理供电的重要保证。因此,变电所必须备有与现场实际情况相符合的运行规章制度,交由值班人员学习并严格遵守执行,以确保安全生产。

(1) 运行制度

① 交接班制度。交接班工作必须严肃、认真进行。交接班人员应严格按规定履行交接班手续,具体内容和要求如下。

a. 交班人员应详细填写各项记录,并做好环境卫生工作;遇有操作或工作任务时,应主动为下班做好准备工作。

b. 交班人员应将下列情况作详尽介绍:所管辖的设备运行方式,变更修改情况,设备缺陷,事故处理,上级通知及其他有关事项;工具仪表、备品备件、钥匙等是否齐全完整。

c. 接班人员应认真听取交接内容,核对模拟图板和现场运行方式是否相符。交接完毕,双方应在交接班记录簿上签名。

d. 交接班时,应尽量避免倒闸操作和许可工作。在交接中发生事故或异常运行情况时,需立即停止交接,原则上应由交班人员负责处理,接班人员应主动协助处理。当事故处理告一段落时,再继续办理交接班手续。

e. 若遇接班者有醉酒或精神失常情况时,交班人员应拒绝交接,并迅速报告上级领导,作出适当安排。

② 巡回检查制度。为了掌握、监视设备运行状况,及时发现异常和缺陷,对所内运行及备用设备,应进行定期和特殊巡视制度,并在实践中不断加以修订改进。

a. 巡视周期。有人值班的变电所每小时巡视一次,无人值班的变电所每 4h 至少巡视一次，车间变电所每班巡视一次。特殊巡视按需要进行。

b. 定期巡视项目。

ⅰ. 注油设备油面是否适当，油色是否清晰，有无渗漏。

ⅱ. 瓷绝缘子有无破碎和放电现象。

ⅲ. 各连接点有无过热现象。

ⅳ. 变压器及旋转电机的声音、温度是否正常。

ⅴ. 变压器的冷却装置运行是否正常。

ⅵ. 电容器有无异声及外壳是否有变形膨胀等现象。

ⅶ. 电力电缆终端盒有无渗漏油现象。

ⅷ. 各种信号指示是否正常，二次回路的断路器、隔离开关位置是否正确。

ⅺ. 继电保护及自动装置压板位置是否正确。

ⅹ. 仪表指示是否正常，指针有无弯曲、卡涩现象；电度表有无停走或倒走现象。

ⅸ. 直流母线电压及浮充电流是否适当。

ⅻ. 蓄电池的液面是否适当，极板颜色是否正常，有无弯曲、断裂、泡胀及局部短路等现象。

ⅹⅲ. 设备缺陷有无发展变化。

c. 特殊巡视项目。

ⅰ. 大风来临前，检查周围杂物，防止杂物吹上设备；大风时，注意室外软导线相间及对地距离是否过小。

ⅱ. 雷电后，检查瓷绝缘有无放电痕迹，避雷器、避雷针是否放电，雷电计数器是否动作。

ⅲ. 在雾、雨、雪等天气时，应注意观察瓷绝缘放电情况。

ⅳ. 重负荷时检查触头、接头有无过热现象。

ⅴ. 发生异常运行情况时，查看电压、电流及继电保护动作情况。

ⅵ. 夜间熄灯巡视，检查瓷绝缘有无放电闪络现象、连接点处有无过热发红现象。

d. 巡视时应遵守的安全规定。

ⅰ. 巡视高压配电装置一般应两人一起进行，经考试合格并由单位领导批准的人员允许单独巡视高压设备。巡视配电装置、进出高压室时，必须随手把门关好。

ⅱ. 巡视高压设备时，不得移开或越过遮栏，并不准进行任何操作；若有必要移动遮栏时，必须有监护人在场，并保持下列安全距离：10kV 及以下 0.7m，10kV 以上 35kV 以下 1m。

ⅲ. 高压设备的导电部分发生接地故障时，在室内不得接近故障点 4m 以内，在室外不得接近故障点 8m 以内。进入上述范围的人员必须穿绝缘靴，接触设备的外壳和构架时，应戴绝缘手套。

③ 设备缺陷管理制度。保证设备经常处于良好的技术状态是确保安全运行的重要环节之一。为了全面掌握设备的健康状况，应在发现设备缺陷时，尽快加以消除，努力做到防患于未然，同时也是为安排设备的检修及试验等工作计划提供依据，必须认真执行以下设备缺陷管理制度。

a. 凡是已投入运行或备用的各个电压等级的电气设备，包括电气一次回路及二次回路设备、防雷装置、通信设备、配电装置构架及房屋建筑，均属设备缺陷管理范围。

b. 按对供、用电安全的威胁程度，缺陷可分为Ⅰ、Ⅱ、Ⅲ三类：Ⅰ类缺陷是紧急缺陷，它是指可能发生人身伤亡、大面积停电、主设备损坏或造成有政治影响的停电事故者，这种缺陷性质严重、情况危急，必须立即处理；Ⅱ类缺陷是重大缺陷，它是指设备尚可继续运行，但情况严重，已影响设备出力，不能满足系统正常运行的需要，或短期内会发生事故，威胁安全运行者；Ⅲ类缺陷为一般缺陷，它性质一般，情况轻微，暂时不危及安全运行，可列入计划进行处理者。

发现缺陷后，应认真分析产生缺陷的原因，并根据其性质和情况予以处理。发现紧急缺陷后，应立即设法停电进行处理。同时，要向本单位电气负责人和供电局调度汇报。发现重大缺陷后，应向电气负责人汇报，尽可能及时处理；如不能立即处理，务必在一星期内安排计划进行处理。发现一般缺陷后，不论其是否影响安全，均应积极处理。对存在困难无法自行处理的缺陷，应向电气负责人汇报，将其纳入计划检修中予以消除。任何缺陷发现和消除后都应及时、正确地记入缺陷记录簿中。缺陷记录的主要内容应包括：设备名称和编号、缺陷主要情况、缺陷分类归属、发现者姓名和日期、处理方案、处理结果、处理者姓名和日期等。电气负责人应定期（每季度或半年）召集有关人员开会，对设备缺陷产生的原因、发展的规律、最佳处理方法及预防措施等进行分析和研究，以不断提高运行管理水平。

④ 变电所的定期试验切换制度

a. 为了保证设备的完好性和备用设备在必要时能真正起到备用作用，必须对备用设备以及直流电源、事故照明、消防设施、备用电源切换装置等进行定期试验和定期切换使用。

b. 各单位应针对自己的设备情况，制定定期试验切换的项目、要求和周期，并明确执行者和监护人，经领导批准后实施。

c. 对运行设备影响较大的切换试验，应做好事故预想和制定安全对策，并及时将试验切换结果记入专用的记录簿中。

⑤ 运行分析制度。实践证明，运行分析制度的制定和执行，对提高运行管理水平和安全供、用电起着十分重要的作用。因此，各单位要根据各自的具体情况不断予以修正和完善。

a. 每月或每季度定期召开运行分析会议。

b. 运行分析的内容应包括：设备缺陷的原因分析及防范措施；电气主设备和辅助设备所发生的事故（或故障）的原因分析；提出针对性的反事故措施；总结发生缺陷和处理缺陷的先进方法；分析运行方式的安全性、可靠性、灵活性、经济性和合理性；分析继电保护装置动作的灵敏性、准确性和可靠性。

c. 每次运行分析均应做好详细记录备查。

d. 整改措施应限期逐项落实完成。

⑥ 场地环境管理制度

a. 要坚持文明生产，定期清扫、整理，经常保持场地环境的清洁卫生和整齐美观。

b. 消防设施应固定安放在便于取用的位置。

c. 设备操作通道和巡视走道上必须随时保证畅通无阻，严禁堆放杂物。

d. 控制室、开关室、电容器室、蓄电池室等房屋建筑应定期进行维修，达到"四防一通"（防火、防雨雪、防汛、防小动物的侵入及保持通风良好）的要求。

e. 电缆沟盖板应完整无缺，电缆沟内应无积水。

f. 室外要经常清除杂草，设备区内严禁栽培高杆或爬藤植物，如因绿化需要则以灌木为宜，而且应经常修剪。

g. 机动车辆（如起重吊车）必须经电气负责人批准后方可驶入变电所区域内。进行作业前落实好安全措施，作业中应始终与设备有电部分保持足够的安全距离，并设专人监护。

(2) 技术管理　技术管理是变电所管理的一个重要方面。通过技术管理可使运行人员有章可循，并便于积累资料和运行事故分析，有利于提高运行人员的技术管理水平，保证设备安全运行。技术管理应做好以下几项工作。

① 收集和建立设备档案。

a. 原始资料，如变电所设计书（包括电气和土建设施）、设计产品说明书、验收记录、启动方案和存在的问题。

b. 一、二次接线及专业资料（包括展开图、平面布置图、接线图、继电保护装置整定书等）。

c. 设备台帐（包括设备规范和性能等）。

d. 设备检修报告、试验报告、继电保护检验报告。

e. 绝缘油简化试验报告、色谱分析报告。

f. 负荷资料。

g. 设备缺陷记录及分析资料。

h. 安全记录（包括事故和异常情况记载）。

i. 运行分析记录。

j. 运行工作计划及月报。

k. 设备定期评级资料。

② 应建立和保存的规程。应保存部颁的《电业安全工作规程》、《变压器运行规程》、《电力电缆运行规程》、《电气设备交接试验规程》、《变电运行规程》和本单位的事故处理规程。

a. 应具备的技术图纸。有防雷保护图、接地装置图、土建图、铁件加工图和设备绝缘监督图。

b. 应挂示的图表。应挂示一次系统模拟图、主变压器接头及运行位置图、变电所巡视检查路线图、设备定级及缺陷揭示表、继电保护定值表、变电所季度工作计划表、有权签发工作票人员名单表、设备分工管理表和清洁工作区域划分图。

c. 应有记录簿。应有值班工作日记簿、值班操作记录簿、工作票登记簿、设备缺陷记录簿、电气试验现场记录簿、继电保护工作记录簿、断路器动作记录簿、蓄电池维护记录簿、蓄电池测量记录簿、雷电活动记录簿、上级文件登记及上级指示记录簿、事故及异常情况记录簿、安全情况记录簿和外来人员出入登记簿。

③ 电气设备交接试验与验收。对于新建的变电所或新安装和大修后的电气设备，都要按规定进行交接试验，用户单位要与试验部门办理交接验收手续。交接验收的项目有：竣工的工程是否符合设计；工程质量是否符合规定要求；调整试验项目及其结果是否符合电气设备交接试验标准；各项技术资料是否齐全等。

对电气设备进行交接试验，是检验新安装或大修后电气设备性能是否符合有关技术标准的规定，判定新安装的电气设备在运输和安装施工的过程中是否遭受绝缘损伤或其性能是否发生变化，或者判定设备大修后其修理部位的质量是否符合要求。至于正在运行中的电气设备，则按规定周期进行例行的试验，即预防性试验。通过预防性试验可以及时发现电气设备内部隐藏的缺陷，配合检修加以消除，以避免设备绝缘在运行中损坏，造成停电甚至发生严重烧坏设备的事故。

在电气交接试验中，对一次高压设备主要是进行绝缘试验（如绝缘电阻、泄漏电流、绝缘介质的介质损耗正切值和油中气体色谱分析等试验）和特性试验（如变压器的直流电阻、变比、连接组别以及断路器的接触电阻、分合闸时间和速度特性等试验）；对二次回路主要是对继电保护装置、自动装置及仪表进行试验和绝缘电阻测试。

电气设备的交接试验一般是由电业部门负责，要求符合《电气设备交接试验规程》。

五、电工安全操作规程

1. 电工安全操作规程

① 电工必须熟悉车间的电气线路和电气设备的种类及性能，对电气设备性能未充分了解，禁止冒险作业。电工必须持证上岗，非电工严禁进行电气作业。

② 电工进入现场必须按照有关规定穿（戴）好劳动保护用品。每日应定期检查电缆、电机、电控制台等设备情况，检查中发现问题，必须及时处理。电气操作人员应思想集中，电气线路在未经测电笔确定无电前，应一律视为"有电"，不可用手触摸，不可绝对相信绝缘体，应认为有电操作。检查电机温度时，先检查无电后，再以手背试验。

③ 除临时施工用电或临时采取的措施外，不允许架临时电线，不允许乱挂灯，仪表工具和电焊机等应用安全的开关和插座，原电气线路不得擅自更改。

④ 按规定对电气设备定期检修保养，不用的电气设备线路要彻底拆除。工作中所有拆除的电线要处理好，带电线头包好，以防发生触电。

⑤ 部分停电作业，当临近有电体距检修人员 0.9m 以下者，需用干燥木材、橡皮或绝缘材料作可靠的临时遮栏。

⑥ 工作前应详细检查自己所用工具是否安全可靠，穿戴好必需的防护用品，以防工作时发生意外。使用电动工具时，有防触电保护。使用测电笔时要注意测试电压范围，禁止超出范围使用，电工人员一般使用的电笔，只许在 500V 以下电压使用。

⑦ 使用梯子时，梯子与场面之间角度以 60° 为宜。在水泥场面使用梯子时，要有防滑措施，并要有人扶住梯子。使用升降人字梯时拉绳必须牢靠。

⑧ 发现设备任何导电部分接地时，在未切断电源前，除抢救触电者，一律不允许靠近，离开周围 4m 之外，室内离开 1.8m，以免受跨步电压损伤。

⑨ 电气设备不得在运行中拆卸修理，必须在停机后切断电源，取下熔断器，并验明无电后，必须在开关和闸刀处挂上"禁止合闸，有人工作"的警示牌。在带电设备遮栏上和禁止通行的过道处，应挂上"止步，高压危险"的警示牌，工作地点应挂上"在此工作"的警示牌。设备修理完后，要履行交代手续，共同结束，方可送电。

⑩ 必须进行带电工作时，要有专人监督，工作时要戴工作帽，穿工作服，戴绝缘手套，使用有绝缘柄的工具，并站在绝缘垫上工作，邻近带电部分和接地部分应用绝缘板隔开，严禁用锉刀、钢锯作业。带电装卸熔断器管时，要用绝缘夹钳，站在绝缘垫上工作。

⑪ 所用导线及保险丝，其容量大小必须合乎规定标准，选择开关时必须大于所控制设备的总容量。禁止用其他金属丝代替保险丝（片）。电气设备的金属外壳必须接地（零线）并符合标准，有电不准断开外壳接地线。

⑫ 每次工作结束后，必须清点工具。工作完毕后，必须拆除临时地线，以防遗失和留

在设备内造成事故。

⑬ 检查完工后，送电前必须认真检查，看是否合乎要求并和有关人员联系好，方能送电。

⑭ 发生火警时，应立即切断电源，用四氯化碳粉质灭火器或黄沙扑救，严禁用水扑救。

⑮ 工作结束后，必须全部工作人员撤离工作地段，拆除警告牌，所有材料、工具、仪表等随之撤离，原有防护装置随时安装好。

⑯ 操作地段清理后，操作人员要亲自检查，动力配电盘、配电箱、开关、变压器等各种电气设备附近，不准堆放各种易燃、易爆、潮湿和其他影响操作的物品。如要进行送电试验，一定要和有关人员联系好，以免发生意外。

2. 变配电安全操作规程

（1）停送电操作顺序

① 高压隔离开关操作顺序。

a. 断电操作顺序：

ⅰ. 断开低压各分路空气开关、隔离开关；

ⅱ. 断开低压总开关；

ⅲ. 断开高压油开关；

ⅳ. 断开高压隔离开关。

b. 送电操作顺序和断电顺序相反。

② 低压开关操作顺序。

a. 断电操作顺序：

ⅰ. 断开低压各分路空气开关、隔离开关；

ⅱ. 断开低压总开关。

b. 送电操作顺序与断电操作顺序相反。

（2）倒闸操作规程

① 高压双电源用户进行倒闸操作，必须事先与供电局联系，取得同意或接供电局通知后，按规定时间进行，不得私自随意倒闸。

② 倒闸操作必须先送合空闲的一路，再停止原来一路，以免用户受影响。

③ 发生故障未查明原因，不得进行倒闸操作。

④ 两个倒闸开关在每次操作后均应立即上锁，同时挂警告牌。

⑤ 倒闸操作必须由两人进行（一人操作、一人监护）。

3. 变配电设备安全检修规程

① 电工人员接到停电通知后，拉下有关刀闸开关，卸下熔断器。并在操作把手上加锁，同时挂警告牌，对尚无停电的设备周围加放保护遮栏。

② 高低压断电后，在工作前必须首先进行验电。

③ 高压验电时，应使用相应高压等级的验电器。验电时，必须穿戴试验合格的高压绝缘手套，先在带电设备上试验，确实好用后，方能用其进行验电。

④ 验电工作应在施工设备进出线两侧进行，规定室外配电设备的验电工作，应在干燥天气进行。

⑤ 在验明确实无电后，将施工设备接地并将三相电源线短接是防止突然来电、保护工作人员的基本可靠的安全措施。

⑥ 应在施工设备各可能送电的地方皆装接地线，对于双回路供电单位，在检修某一母线刀闸或隔离开关、负荷开关时，不但要同时将两母线刀闸拉开，而且应该将施工刀闸两端都同时挂接地线。

⑦ 装设接地线应先行接地，后挂接地线，拆接地线时其顺序与此相反。

⑧ 接地线应挂在工作人员随时可见的地方，并在接地线处挂"有人工作"警告牌，工作监护人应经常巡查接地线是否保持完好。

⑨ 应特别强调的是，必须把施工设备各方面的开关完全断开，必须拉开刀闸或隔离开关，使各方面至少有一个明显的断开点，禁止在只断开油开关的设备上工作，同时必须注意由低压侧经过变压器高压侧反送电的可能。所以必须把与施工设备有关的变压器从高低压两侧同时断开。

⑩ 工作中如遇中间停顿后再复工时，应重新检查所有安全措施，一切正常后，方可重新开始工作。全部离开现场时，室内应上锁，室外应派人看守。

第三节 动力、照明及电热系统的防火防爆

一、电动机的防火防爆

1. 电动机的防火防爆

电动机是一种将电能转变为机械能的电气设备，是工矿企业广泛应用的动力设备。交流电动机按运行原理可分为同步电动机和异步电动机两种，通常都是采用异步电动机。

电动机按构造和适用范围，可分为开启式和防护式；为防止液体或固体向电动机内滴溅，有防滴式和防溅式。在石油化工企业中，为防止化学腐蚀和防止易燃易爆危险物质，多使用各种防爆封闭式电动机。

（1）引起电动机火灾的主要原因　电动机易着火的部位是定子绕组、转子绕组和铁芯。引线接头处如接触不良，轴承过热，熔断器及配电装置也存在着火因素。

选择使用不当或维修保养不够，造成电动机相间、匝间短路或接地，断相过载运行；连接线圈的接触点接触不良，铁损过大；电源电压过高或过低，接线方法错误；电源频率过低；轴承磨损，转子扫膛，线圈匝间开焊及短路、开路运行等。

① 三相电压过高或过低都会引起电机过热。当电压过高时，电动机的绕组电流就增大，绕组温升超过容许值而使绝缘损坏后就起火；如电压过低，则使电动机的转速和定子绕组的阻抗都下降而电流增大，因过热烤焦绝缘材料后而起火。

② 三相电压不（平衡）对称，一般是电网原因或是电动机故障引起。若加在电动机上的三相电压不对称，则运行中的电动机多种损耗就增大，会引起电动机额外发热。一般要求三相电压之间的差数不超过5%，在这样的条件下，电动机还能在额定功率下维持长期运行。

③ 缺相运行，大多是电动机的三相电源中有一相断路或绕组中有一相断路。如缺相情况发生在电动机运行中，虽尚能继续运转，但转速下降，其他两相中电流将比正常工作时的电流约增加1.7~1.8倍，容易烧毁绕组，故不许电动机长时间缺相运行。

电动机单相运行时，其中有的绕组要通过1.73倍额定电流，而保护电动机的熔丝是按额定电流5倍选择的，所以单相运行时熔丝一般不会烧毁。单相运行时大电流长时间在定子

绕组内流过，这样会使定子绕组过热，甚至烧毁。

④ 电动机过负荷运行。如发现电动机外壳过热，电动机已超载，过载严重时，将烧毁电动机。

当电网电压过低时，电动机也会产生过载。当电源电压低于额定电压的 80%时，电动机的转矩只有原转矩的 64%，在这种情况下运行，电动机就会产生过载，引起绕组过热、烧毁电动机或引起周围可燃物着火。

⑤ 绕组接线有错误。一般是外部接线错误，或在检修时绕组的某极相组有一只或几只线圈嵌反或极相组接错，都会使电动机振动、有异常声响和转速过低、三相电流严重不平衡及绕组过热而烧毁。

⑥ 转子绕组端部故障。如电动机的转子部分有局部脱焊、电刷的牌号与尺寸不符、电刷压力不足或过大、电刷与绕组接触不良、长时间运行并进入异物等，都会引起有关部分的局部过热或使滑环与电刷之间冒出火花。

⑦ 定子或转子绕组发生各种短路。如电动机绕组发生相间短路，短路点附近的绝缘被烧焦，因过电流而过热，引发绕组燃烧。如定子绕组的线圈绝缘损坏，导体相互接触后，便形成匝间短路，因匝间短路的线圈中将流过很大的环流（是正常电流的 2～10 倍），使线圈严重发热、三相电流不平衡、电动机的转矩降低、产生杂声等。

⑧ 绝缘电阻过低会使运行中电动机的绕组绝缘易受损坏和击穿，引发各种短路而崩烧。

⑨ 由于金属物体或其他固体掉进电动机内，或在检修时绝缘受损，绕组受潮，以及遇到过电压时将绝缘击穿等原因，会造成电动机绕组匝间或相间短路或接地，电弧烧坏绕组，有时铁芯也被烧坏。

⑩ 当电动机接线处各接点接触不良或松动时，会使接触电阻增大，引起接点发热，接点越热氧化越迅速，最后将电源接点烧毁，产生电弧火花，损坏周围导线绝缘，造成短路而烧毁电动机。

⑪ 机械摩擦，如轴承摩擦，轴承最高允许温度是：滑动轴承不超过 80℃，滚动轴承不超过 100℃，否则轴承就会磨损。轴承磨损后使转子、定子互相摩擦发生扫膛，摩擦部位温度可达 1000℃以上，而破坏定子和转子的绝缘，造成短路，产生火花、电弧。

(2) 预防电动机火灾的主要措施

① 正确选用电气设备。具有爆炸危险场所应按规范选择防爆电气设备。

② 按规范选择合理的安装位置。保持必要的安全间距是防火防爆的一项重要措施。

③ 三相电压是否过高或过低，可用万用表交流电压挡检测母线电压和电动机端电压来判断。如电网原因，可向供电部门反映，要求调整或利用变压器的调节开关进行调节；如是支路压降过大，应更换导线面积和缩短电动机与母线间的距离；如电动机的运行长期在340V 左右，可换上功率比传动机械设备大 20%的电动机，但大批量更换电动机不是很经济和现实，最好是在电网上加置电容器补偿。另外，当电压过低时，还可用交流接触器、三相式热继电器等组合装置来保护电动机；当电压过高时，只要将三相式热继电器调节到较高的数值即可。

④ 三相电压是否对称，可用万用表交流电压挡和钳形表分别检测三相母线的电压和电流值来判断。如发现严重不平衡时，可确定是三相母线上装有过多的单相大功率电热器和交流电焊机等。为改变这种不正常情况，可重新调整和合理分配三相母线上的装接容量。用同样的方法检测每台电动机上端电压和负载电流是否平衡，如发现严重不平衡时，先停电检查

定子绕组相间或匝间是否短路，定子绕组是否接地，待找出故障点并修复后，才可通电试车。为保护电动机的安全运行，可在三相馈线中采用自动开关（断路器）、三相式热继电器和交流接触器等组合装置。

⑤ 为防止电动机缺相运转而起火，可采取如下措施。

a. 在三相式热继电器的输出端装接三只小功率指示灯，可判断运行中电动机是电源一相断电还是定子绕组一相断路。如电源一相断电，该相的指示灯应不亮或变暗，应先停电检查三相馈线中有无导线断裂、熔丝烧断、交流接触器或断路器主触头接触不良和各个接头松脱等，待找出故障点并修复后，才可通电试车；如指示灯都亮着，可用钳形表检查三相电流，就能判断电动机的定子绕组是否缺相运行，当确定有一相断路时，应立即停电并拆开电动机绕组的接线端部，找出故障点后并重新连接焊牢，包上绝缘再涂上绝缘漆后，才可装好试用。

b. 当容量为 1.7～20kW 电动机采用 Y 形接法时，可在 Y 形的中性点与接地（零）之间接上约 10～40V 低压继电器，并将该继电器的常闭触头串入交流接触器线圈回路中，如电源或定子绕组有一相断路时，即能自动切断电动机电源。

⑥ 当发现"小马拉大车"时，应采取如下防火措施和保护方式。

a. 有铭牌标明的机械，可按铭牌上功率选配电动机；如无铭牌标明，先设法减轻机械负载，使电动机的负载电流不大于额定电流。

b. 如无法减轻机械负载，只能选择较大容量的电动机予以适应，但应使该电动机的负载电流不大于额定电流。

c. 可在电动机馈线中配装三相式热继电器、交流接触器和自动开关（断路器）等组合装置，作为电动机的过载保护。

⑦ 为防止绕组接线有错误，在修理或改制电动机时应注意以下几点。

a. 不要把部分绕组的线圈接反，不要将三相中一相绕组的始末端接反，不要把绕组的匝数绕得太少了。

b. 如铭牌标明 380/220V、Y/△ 连接电动机，当电源电压为 380V 时绝不能接成 △ 形；当电源电压为 220V 时，一般都应接成 △ 形，但有时也可按需要接成 Y 形；如铭牌标明 660/380V 电动机，用于线电压为 380V 的系统中时，一般应接成 △ 形。

c. 在定子绕组接线时，不要把 △ 形错接成 Y 形而造成电动机崩烧。

d. 采用 Y-△ 启动的电动机，在接线时，千万不要把 6 根引出线的编号搞错和接错。

e. 如要检查绕组的接线是否正确，可用一块圆形硅钢片，中间钻孔并套在铜条上作为转子，将硅钢片沿定子内圆表面中心放置，当定子绕组通入三相 30%～50% 额定电压时，无论是极或相或组或一个线圈接线有错，硅钢片均不旋转；如绕组的极或相或组或一个线圈接线正确，硅钢片均应旋转。

⑧ 针对转子绕组端部故障，可用校验灯或万用表等检查绕组一相断路或脱焊等。

a. 如电刷与滑环接触不良，可调整电刷压力和改善电刷与滑环接触面积。

b. 如发现断线或局部脱焊，应重新连接焊牢，包上绝缘和涂上绝缘漆后，即可使用。

c. 如发现电刷与滑环间火花过大，可能是电刷牌号与尺寸不符，更换合适的电刷。

d. 如电刷压力不足或过大，可调整电刷压力。

e. 如电刷在刷握内轧住，可磨小电刷。

f. 如滑环表面有污垢杂物，可用 0 号砂布磨光，并用干净的棉纱擦净。

g. 滑环不圆或痕迹深重，可用 0 号砂布打磨或将滑环车一刀。

⑨ 为防定（转）子绕组发生各种短路故障，可用如下保护措施。

a. 在电动机馈线中装设合适的 DZ5 型或 DZ10 型自动开关（断路器）作为短路保护。

b. 经常用钳形表检查电型机的负载电流，发现三相电流严重不平衡并且大于额定电流，则可确定绕组有短路故障，应停车检查。如绕组相间短路，可能是绕组匝间或端部相间的绝缘未垫好，绕组引出线套管或线圈组间的接线套管未套好，绕组绝缘受潮或老化，绕组受到机械损伤，电源电压过高，电动机过热等原因，可用摇表等寻找故障点；如绕组匝间短路，可能是绕组受潮或绝缘老化，电源电压太高，线圈端碰伤，绕制线圈时将绝缘擦破，线圈受振动而磨损，线圈组间的接线套管未套好等原因，可用短路侦察器查找绕组短路点；如绕组中极相组短路，可在绕组两端通入 3~6V 直流电，用指针法查找短路处；用电桥测量每相或部分绕组电阻，如电阻较小的一相或一个线圈为短路相或短路线圈。判断绕组是否接地，可用摇表等进行检测，当判定有接地故障时，应按直接观察法、检验灯法、淘汰法等找出接地点。

c. 按短路故障出现的部位和故障严重程度，可作如下处理：如短路点在绕组端部，损伤又不严重，一般将绝缘进行加强处理；如端部短路损伤严重或短路发生在槽内，应更换绕组。

⑩ 绝缘电阻是否过低，可用摇表检测判断。要求电动机绝缘电阻应大于 $0.5M\Omega$。绝缘电阻过低原因，一般是受潮、积尘、漏油、过载、散热不良、机械损伤、化学腐蚀造成绝缘老化、损伤等，针对这些采取烘干、清扫、消漏、减轻负载、避免损伤或腐蚀或更换等措施。如仍偏低，应用试验法找出故障点并进行修理。

⑪ 加强维护保养检修，保持电气设备正常运行。包括保持电气设备的电压、电流、温升等参数不超过允许值，保持电气设备足够的绝缘能力，保持电气连接良好等。

⑫ 通风。在爆炸危险场所，如有良好的通风装置，能降低爆炸性混合物的浓度。

⑬ 采用耐火设施对现场防火有很重要的作用。如为了提高耐火性能，木质开关箱内表面衬以白铁皮。

⑭ 接地。爆炸危险场所的接地（或接零），较一般场所要求高，必须按规定接地。

(3) 注意事项

① 要采用与其生产环境特征和防火性能相适应的防护型电动机。

② 防止机械过载和故障，注意及时调整和采取防火措施。

③ 在安装电动机及其保护装置和启动器时，要安装在固定可靠的非燃烧材料基座或非燃烧建构件上；并与可燃物应保持一定距离，周围不准堆放杂物。

④ 电动机过热而电流未升高的起火原因一般是环境温度过高（超过40℃），通风、冷却系统故障，缺少维护保养，无防护装置等引起的。要针对这些采取相应的措施，避免火灾。

⑤ 为降低启动电流、不影响供电变压器瞬间激增受损坏、不使线路电压降低而影响其他设备用电及电动机过热而引起崩烧，要求重载启动（功率大于10kW）或空载启动（功率大于14kW），都应加装降压启动器。

⑥ 为防止启动过于频繁或负荷大或阻力矩大而使启动周期延长，使电动机因过电流和过热而发生崩烧，应采用滑环式电动机或双笼型电动机。

2. 电动机的保护与控制

电动机的保护往往与其控制方式有一定关系，即保护中有控制，控制中有保护。如电动机直接启动时，往往产生 4~7 倍额定电流的启动电流。若由接触器或断路器来控制，则电器的触头应能承受启动电流的接通和分断考核，即使是可频繁操作的接触器也会引起触头磨损加剧，以致损坏电器；对塑料外壳式断路器，即使是不频繁操作，也很难达到要求。因此，使用中往往与启动器串联在主回路中一起使用，此时由启动器中的接触器来承载接通启动电流的考核，而其他电器只承载通常运转中出现的电动机过载电流分断的考核，至于保护功能，由配套的保护装置来完成。

此外，对电动机的控制还可以采用无触点方式，即采用软启动控制系统。电动机主回路由晶闸管来接通和分断。有的为了避免在这些元件上的持续损耗，正常运行中采用真空接触器承载主回路（并联在晶闸管上）负载。这种控制有程控或非程控，近控或远控，慢速启动或快速启动等多种方式。另外，依赖电子线路，很容易做到如电子式继电器那样的各种保护功能。

电动机的损坏主要是绕组过热或绝缘性能降低引起的，而绕组的过热往往是流经绕组的电流过大引起的。对电动机的保护主要有电流、温度检测两大类型。下面作简单介绍。

(1) 电流检测型保护装置

① 热继电器利用负载电流流过经校准的电阻元件，使双金属热元件加热后产生弯曲，从而使继电器的触点在电动机绕组烧坏以前动作。其动作特性与电动机绕组的允许过载特性接近。热继电器虽然动作时间准确性一般，但对电动机可以实现有效的过载保护。随着结构设计的不断完善和改进，除有温度补偿外，它还具有断相保护及负载不平衡保护功能等。例如从 ABB 公司引进的 T 系列双金属片式热过载继电器；从西门子引进的 3UA5 系列、3UA6 系列双金属片式热过载继电器；JR20 型、JR36 型热过载继电器，其中 JR36 型为二次开发产品，可取代淘汰产品 JR16 型。

② 带有热-磁脱扣的电动机保护用断路器热式作过载保护用，结构及动作原理同热继电器，其双金属热元件弯曲后有的直接顶脱扣装置，有的使触点接通，最后导致断路器断开。电磁铁的整定值较高，仅在短路时动作，其结构简单、体积小、价格低、动作特性符合现行标准、保护可靠，故目前仍被大量采用，特别是小容量断路器尤为显著。例如从 ABB 公司引进的 M611 型电动机保护用断路器，国产 DW15 低压万能断路器（200~630A）、S 系列塑壳断路器（100A、200A、400A 等）。

③ 电子式过电流继电器通过内部各相电流互感器检测故障电流信号，经电子电路处理后执行相应的动作。

电子电路变化灵活，动作功能多样，能广泛满足各种类型的电动机的保护。其特点如下。

a. 多种保护功能。主要有三种：过载保护，过载保护＋断相保护，过载保护＋断相保护＋反相保护。

b. 动作时间可选择（符合 GB 14048.4—93 标准）。

标准型（10 级）：$7.2I_n$（I_n 为电动机额定电流）时，4~10s 动作，用于标准电动机过载保护。速动型（10A 级）：$7.2I_n$ 时，2~10s 动作，用于潜水电动机或压缩电动机过载保护。慢动型（30 级）：$7.2I_n$ 时，9~30s 动作，用于如鼓风机电动机等启动时间长的电动机过载保护。

c. 电流整定范围广。其最大值与最小值之比一般可达 3~4 倍，甚至更大倍数（热继电器为 1.56 倍），特别适用于电动机容量经常变动的场合（例如矿井等）。

d. 有故障显示。由发光二极管显示故障类别,便于检修。

④ 固态继电器是一种从完成继电器功能的简单电子式装置发展到具有各种功能的微处理器装置。其成本和价格随功能而异,最复杂的继电器实际上只能用于较大型、较昂贵的电动机或重要场合。它监视、测量和保护的主要项目如下。

a. 最大的启动冲击电流和时间。

b. 热记忆。

c. 大惯性负载的长时间加速。

d. 断相或不平衡相电流。

e. 相序。

f. 欠电压或过电压。

g. 过电流(过载)运行。

h. 堵转。

i. 失载(机轴断裂、传送带断开或泵空吸造成工作电流下跌)。

j. 电动机绕组温度和负载的轴承温度。

k. 超速或失速。

上述每一种信息均可编程输入微处理器,主要是加上需要的时限,以确保在电动机启动或运转过程中产生损坏之前,将电源切断。还可用发光二极管或数字显示故障类别和原因,也可以对外向计算机输出数据。

⑤ 带有电子式脱扣的电动机保护用断路器其动作原理类同上述电子式过电流继电器或固态继电器。功能主要有:电路参量显示(电流、电压、功率、功率因数等),负载监控(按规定切除或投入负载),多种保护特性(指数曲线反时限、I^2t 曲线反时限、定时限或其组合),故障报警,试验功能,自诊断功能,通信功能等。产品如施耐德电气公司生产的 M 系列低压断路器。

⑥ 软启动器的主电路采用晶闸管,控制其分断或接通的保护装置一般做成故障检测模块,用来完成对电动机启动前后的异常故障检测,如断相、过热、短路、漏电和不平衡负载等故障,并发出相应的动作指令。其特点是系统结构简单,采用单片机即可完成,适用于工业控制。

(2) 温度检测型保护装置

① 双金属片温度继电器。它直接埋入电动机绕组中。当电动机过载使绕组温度升高至接近极限值时,带有一触头的双金属片受热产生弯曲,使触点断开而切断电路。产品如 JW2 系列温度继电器。

② 热保护器。它是装在电动机本体上使用的热动式过载保护继电器。与温度继电器不同的是带 2 个触头的碗形双金属片作为触桥串在电动机回路,既有流过的过载电流使其发热,又有电动机温度使其升温,达到一定值时,双金属片瞬间反跳动作,触点断开,分断电动机电流。它可作小型三相电动机的温度、过载和断相保护。产品如 SPB 型、DRB 型热保护器。

③ 检测线圈。测温电动机定子每相绕组中埋入 1~2 个检测线圈,由自动平衡式温度计来监视绕组温度。

④ 热敏电阻温度继电器。它直接埋入电动机绕组中,一旦超过规定温度,其电阻值急剧增大 10~1000 倍。使用时,配以电子电路检测,然后使继电器动作。产品如 JW9 系列船

用电子温度继电器。

3. 保护装置与异步电动机的协调配合

为了确保异步电动机的正常运行及对其进行有效的保护，必须考虑异步电动机与保护装置之间的协调配合。特别是大容量电网中使用小容量异步电动机时，保护的协调配合更为突出。

① 过载保护装置的动作时间应比电动机启动时间略长一点。电动机过载保护装置的特性只有躲开电动机启动电流的特性，才能确保其正常运转；但其动作时间又不能太长，其特性只能在电动机热特性之下才能起到过载保护作用。

② 过载保护装置瞬时动作电流应比电动机启动冲击电流略大一点。如有的保护装置带过载瞬时动作功能，则其动作电流应比启动电流的峰值大一些，才能使电动机正常启动。

③ 过载保护装置的动作时间应比导线热特性时间小一点，才能起到供电线路后备保护的功能。

由于过载保护装置与短路保护装置的协调配合，一般过载保护装置不具有分断短路电流的能力。一旦在运行中发生短路，需要由串联在主电路中的短路保护装置（如断路器或熔断器等）来切断电路。若故障电流较小，属于过载范围，则仍应由过载保护装置切断电路。故两者的动作之间应有选择性。

短路保护装置特性以熔断器作代表说明，其与过载保护特性曲线的交点电流为 I_j，若考虑熔断器特性的分散性，则交点电流有 I_s 及 I_b 两个，此时就要求 I_s 及以下的过电流应由过载保护装置来切断电路，I_b 及以上直到允许的极限短路电流则由短路保护装置来切断电路，以满足选择性要求。显然，在 $I_s \sim I_b$ 范围内就很难确保有选择性，因此要求该范围应尽量小。从现行 IEC 标准规定来看，极限值为 $I_s = 0.75 I_j$，$I_b = 1.25 I_j$。目前过载保护装置的额定接通和分断能力均按 $0.75 I_j$ 考核，显然偏低一些，根据 IEC 标准修改的动向，今后有可能按 I_j 考核，以提高其可靠性。因此上述的协调配合应既考虑其选择性，又考虑其额定接通和分断能力。

二、电气照明的防火防爆

电气照明灯具在生产和生活中使用极为普遍，人们容易忽视其防火安全。照明灯具在工作时，玻璃灯泡、灯管、灯座等表面温度都较高，若灯具选用不当或发生故障，会产生电火花和电弧。接点处接触不良，局部产生高温。导线和灯具的过载和过压会引起导线发热，使绝缘破坏、短路和灯具爆碎，继而可导致可燃气体和可燃液体蒸气、落尘的燃烧和爆炸。下面分别介绍几种灯具的火灾危险知识。

1. 白炽灯

在散热良好的情况下，白炽灯泡的表面温度与其功率大小有关。在散热不良的情况下，灯泡表面温度会更高。灯泡功率越大，升温的速度也越快；灯泡距离可燃物越近，引燃时间就越短。

此外，白炽灯耐振性差及易破碎，破碎后高温的玻璃片和灯丝溅落在可燃物上或接触到可燃气，都能引起火灾。

2. 荧光灯

荧光灯的镇流器由铁芯线圈组成。正常工作时，镇流器本身也耗电，所以具有一定温度。若散热条件不好，或灯管配套不合理，以及其他附件故障时，其内部温升会破坏线圈的绝缘，形成匝间短路，产生高温和电火花。

3. 高压汞灯

正常工作时，其表面温度比白炽灯要低，但因高压汞灯功率比较大，不仅温升速度快，发出的热量也比较大。如400W高压汞灯，表面温度可达180～250℃左右，其火灾危险程度与功率为200W的白炽灯相仿。高压汞灯镇流器的火灾危险性与荧光灯镇流器相似。

4. 卤钨灯

卤钨灯工作时维持灯管点燃的最低温度为250℃。1000W卤钨灯的石英玻璃管外表面温度可达500～800℃，而其内壁的温度更高，约为1000℃左右。因此，卤钨灯不仅在短时间内能烤燃接触灯管较近的可燃物，其高温辐射还能将距离灯管一定距离的可燃物烤燃。所以它的火灾危险性比照明灯具更大。

三、电气线路的防火防爆

化工企业是爆炸危险场所，其电气线路、配线方式、导线的允许截面、导线的连接方式和敷设方法等，均应符合《爆炸危险场所电气安全规程（试行）》的规定，并尽可能敷设在爆炸危险较小的区域或距离爆炸能释放较远的地点，避开易受机构损伤、振动、腐蚀、粉尘和纤维积聚以及有危险高温的区域。

1. 电气线路的防火防爆

对于一般电气线路只要避免短路，导线连接处接触电阻过大，以免引起火灾爆炸。同时还要防止电气线路过负荷。但在危险爆炸场所，还要注意以下几点。

① 在电气线路上，应根据需要安装相应的保护装置，以便在发生过载、短路、漏电、接地、断线等故障时，能自动报警或切断电源。因此，低压系统应为三相五线制或单相三线制系统。在相线和工作零线上，一般均应装有短路保护装置。至于3～10kV电缆线路，需装设零序电流保护装置；若电缆线路位于0区和10区，零序电流保护装置宜动作于跳闸。

② 为了防止爆炸性气体通过电缆沟、钢管、保护管和敷管时留下孔洞，造成不同危险区域之间或危险区非爆炸危险区之间串通，必须采取隔离密封措施。供隔离密封用的连接部件，不得作为导线连接或分支之间。

③ 为了保证自动切断故障线路，0区、1区和10区内的中性点直接接地的1000V以下线路，其接地线的截面，应保证单相接地的最小短路电流至少为保护该段线路的熔断器熔体额定电流的5倍，或自动开关瞬时（或短延时）过电流脱扣整定电流的1.5倍。

④ 提高接地的可靠性，接地干线应在爆炸危险场所不同方向的两处以上与接地体相连。

⑤ 爆炸危险场所的电缆和导线的额定电压不得低于500V，除照明回路外，线路不得有中间接头。应采用相应防爆类型的接线盒，接头应采用钎焊、熔焊或压接。禁止使用绝缘导线明敷设。引入防爆充油型设备的线路应采用耐油型导线。

2. 电气线路的选择与敷设

在危险区域使用的电力电缆或导线，除应遵守一般安全要求外，还应符合防火防爆要求。

① 严禁架空线路跨越爆炸危险场所。当架空线路在爆炸危险场所附近时，架空线路与爆炸危险场所边界的距离至少应为杆塔高度的1.5倍；在特殊情况下，对于10kV及以下线路，只有采取有效措施（如减小档距和拉力、加强紧度、加大导线截面、加强绝缘等），才可适当减小距离。应当在爆炸危险性较小或距离释放源较远的位置敷设电气线路。

② 在线路敷设地点应有良好的通风条件，以降低该地点的爆炸性混合物浓度。当自然通风不能满足要求时，应考虑采取机械通风措施，以保证爆炸性混合物和新鲜空气对流畅通，防止出现阻塞回流现象。敷设电气线路的沟道以及保护管、电缆或钢管在穿过爆炸危险环境等级不同的区域之间的隔墙或楼板时，应采用非燃性材料严密堵塞。

③ 爆炸危险环境中电气线路主要有防爆钢管配线和电缆配线。在火灾爆炸危险区域使用铝导线时，其接头和封端应采用压接、熔接或钎焊，当与电气设备（照明灯具除外）连接时，应采用铜铝过渡接头。在火灾爆炸危险区域使用的绝缘导线和电缆，其额定电压不得低于电网的额定电压，且不能低于500V，电缆线路不应有中间接头。在爆炸危险区域应采用铠装电缆，应有足够的机械强度。在架空桥架上敷设时应采用阻燃电缆。

④ 电气线路应在爆炸危险较小的环境敷设。如果可燃物质比空气密度大，电气线路应敷设在较高处，架空时宜采用电缆桥架，电缆沟敷设时沟内应充砂，并应有排水设施；如果可燃物质比空气轻，电气线路应在低处或电缆沟敷设。敷设电气线路的沟道、电缆线钢管，在穿过不同区域之间的墙或楼板处的孔洞时，应采用非燃性材料严密堵塞。敷设电气线路时，宜避开可能受到机械损伤、振动、腐蚀以及热源附近，不能避开时应采取预防措施。严禁采用绝缘导线明敷设。装置内的电缆沟，应有防止可燃气体积聚或含有可燃液体污水进入沟内的措施。电缆沟通入变配电室、控制室的墙洞处，应严格密封。

四、电加热设备的防火防爆

电加热设备是把电能转化为热能的一种设备。它的种类繁多，用途很广，常用的有工业电炉、电烘房、电烘箱、电烙铁、机械材料的热处理炉等。

电加热器的电阻丝是由镍、铬合金制成，温度高达800℃以上。电热设备的火灾原因，主要是加热温度过高，电热设备选用导线截面过小。当导线在一定时间内流过的电流超过额定电流时，同样会造成绝缘的损坏而导致短路起火，引起火灾。电加热器发生火灾的原因归纳如下。

① 将通电的电加热设备放在可燃物上或者放在易燃物附近，在长时间的高温烘烤下引起火灾。

② 电加热设备未安装插头，直接将电线头插入插座内，因而易引起短路而发生火灾。

③ 使用者在离开时未将电加热设备的电源切断，时间过长，造成电加热设备过热，将临近的可燃物引燃而造成火灾。

④ 电阻丝多次修理后继续使用，可造成线路过负荷而引发火灾。

预防电加热设备引起火灾，应该做到以下几点。

① 不能将易燃易爆物品放在电加热设备附近，必须保持一定的安全距离。

② 电加热器必须放在不导热的不燃材料基座上；电加热器导线的安全载流量必须满足电加热器的容量要求，工业用电加热器在任何情况下都要装置单独的电路。

③ 导线必须安装插头，不可将线头直接插入插座；电加热设备导线老化破损应及时更换，电路中没有安装熔断器的电加热器不得使用；电加热器使用时必须有人看管，离开时应拔掉插头。在使用过程中，若遇停电，也应及时将插头拔出，不要遗忘。

④ 对于多次修理的电阻丝，最好不再使用，应更换新的电阻丝。易燃易爆物品严禁用电加热器烘干；电烘箱应有控制温度的装置，既要防止温度过高，又要防止烘烤时间过长。

五、电气线路与设备检修作业规范

1. 电气线路与设备检修作业前的安全措施

在全部或部分电气线路、设备上进行检修作业时,均必须首先采取一定的安全技术措施,这些措施包括停电、验电、装设接地线、悬挂标志牌等。

(1) 停电 电气线路或设备停电时,必须由具有进网操作资格的人员填写操作票并按规程规定的操作步骤分步操作,禁止无证人员进网操作。停电操作必须做到明确停电线路和设备,明确变压器运行方式,明确设备操作顺序等,否则,不得进网作业。

(2) 验电 用电压等级合适的验电器,在已知电压等级相当且有电的线路上进行试验,确认验电器良好后,严格遵守相应电压等级的验电操作要求,在检修设备进出线两侧分别进行验电。

(3) 装设接地线 当验明被检修线路或设备已断电后,应随即将待修线路或设备的供电出、入口全部短路接地。装设接地线要注意防止"四个伤害",即防止感生电压的伤害;防止断电残余电荷的伤害;防止旁路电源的伤害;防止回送电源的伤害等。装设接地线必须做到"四个不可",即顺序不可颠倒;措施不可省略;线规不可减小;地点不可变更等。

(4) 悬挂标志牌和装设遮栏 用于警示的标志牌,应使用不导电材料制作,如木板、胶木板、塑料板等。各种标志牌的规格要统一,标志牌要做到"四个必挂",即"在一经合闸即可得电的待修线路设备的电源开关和刀闸的操作把手上,必须悬挂"禁止合闸,线路有人工作!"的标志牌;在室外构架上工作,必须在工作邻近带电部分的合适位置上悬挂"止步,高压危险!"的标志牌;在工作人员上下用的铁架或梯子上,必须悬挂"从此上下!"的标志牌;在邻近其他可能误登危及人身安全的构架上,必须悬挂"禁止攀登,高压危险!"的标志牌等。

标志牌要谁挂谁摘,或由指定人员摘除。不能挂而不摘,或乱挂乱摘。其他人员不得变更或摘除标志牌,否则可能酿成严重后果。

装设的遮栏通常选用网孔金属板、金属线编织网、铁栅条等制成。遮栏下部距地面一般为0.1m,其高度一般为2m,宽度或形状可根据实际需要制作。移动式遮栏宜做得小些,以便于搬运,固定式宜做得大些,以便节省材料。

凡是带电裸导体与人体可能直接或间接触及到,且触及两点之间的距离小于线路或设备不停电安全距离的,均必须设置遮栏。不论遮栏是长期设置还是临时设置,是固定设置还是移动设置,均必须在遮栏上悬挂"止步,高压危险!"的标志牌。非遮栏设置人员未经许可,不得擅自拆除遮栏。

2. 电气线路与设备检修作业中的安全保证

在电气线路或电气设备检修作业过程中,必须做到以下几点。

(1) 保证安全距离 在10kV及其以下电气线路检修时,操作人员及其所携带的工具等与带电体之产的距离不应小于1m。

(2) 清理作业现场 线路检修或者设备检修时,首先应对检修现场妨碍作业的障碍物进行清理,以利检修人员的现场操作和进出活动。

(3) 防止外来侵害 检修现场情况十分复杂,在检修作业前,应巡视一下周围,看有无可能出现外来侵害,如带电线路的有效安全距离如何,检修现场建筑物拆旧施工防护如何等。如果存在外来侵害,应在检修前做好安全防护。

（4）集中精力　检修作业中不做与检修作业无关的事，不谈论与检修作业无关的话题，特别是进行紧急抢修作业时更是如此。

（5）谨慎登高　如果在高处作业，使用的脚手架要牢固可靠，并且人员要站稳。在2m以上的脚手架上检修作业，要使用安全带及其他保护措施。

（6）有防火措施　检修过程中，需要用火时，要先检查一下动火现场有无禁火标志，有无可燃气体或燃油类。当确认没有火灾隐患时，方能动火。如果用火时间长，温度高，范围大，还应预先准备好灭火器具，以防不测。

（7）群体作业互防伤害　如果确需多人共同作业，要预先分析一下可能发生危险的位置和方向，并采取相应的对策后再进行作业。多人作业时，相互之间要保持一定的距离，以防相互碰伤。如果作业人员手中持有利器进行作业，其受力方向应引向体外，并且在作业前看一下周围，提醒他人不得靠近。

（8）及时请示汇报　如果供电线路检修内容多或偶尔遇到难题超出常规预料，不能在规定的时间内恢复供电，应提前通报有关方面，以便采取相应的措施。

3. 电气线路与设备检修作业完毕的安全恢复与检查

（1）重点部位的检查　重点部位检查的内容包括直接被拆、装、调、换的线路或设备的器件、接线端子等。检查它们是否有缺项、漏装、错装等。

（2）相关部位的检查　内容包括：与被检修对象直接联系或控制的部分；与被检修对象相邻的部分；与被检修对象在同一范围内且结构相同的部分。检查它们有无松动、受侵害或误修及误装等。

（3）电气绝缘检查　内容包括：被检修供电线路或设备用线路部分，相关或相邻的线路部分，用绝缘测试仪检查它们的绝缘是否符合要求。

（4）零配件的检查　内容包括直接被拆、装、调、换的线路、器件、接线端子的零配件等。检查它们是否丢失、残缺、遗漏等。备用零配件带来多少，用掉多少，剩余多少，数目应一一对应，不得多出，也不得少出，即使一个垫片、一只螺钉也不要轻易放过。

（5）检修工具的检查　内容包括对检修带来的工具逐一清点，任何工具不得丢失在检修现场。如果发现丢失，应及时查找，不得存有侥幸心理。

（6）恢复供电准备　经过以上5项内容的检查，即可进入恢复供电准备。首先拆除接地线，其顺序是先拆线路导体端，后拆接地端。设多少拆多少，并且按编号进行。

（7）拆除　拆除所有的警示牌，拆除所有的临时遮栏，将原有的安全门锁好。从高压到低压，从电源到负载，从检修的起点到检修的终点，由两人依次呼唤应答检查一遍，双方确认无误后，即可等待送电。送电操作结束，观察电源相间电压是否正常，确认系统运行正常，并经用户验收合格后，检修人员再撤离作业现场。

以上三项内容，是一个完整的电气线路与设备检修的安全作业过程，这三个环节紧密相连，构成一条安全链，其中任何一个环节失控，都可能出现事故。因此，对每一个环节，每一个步骤，都要认真对待，以确保电气线路和设备检修万无一失。

复习思考题五

1. 化工企业的供电意义和要求是什么？
2. 化工企业的供电系统由哪几部分组成？
3. 化工企业的用电设备有哪些要求？

4. 变电站的安全隐患有哪些？如何防护？
5. 变电所运行管理制度有哪些？
6. 电工安全操作规程有哪些？
7. 变配电安全操作规程有哪些？
8. 变配电设备安全检修规程有哪些？
9. 电动机的防火防爆措施有哪些？
10. 电动机的起火原因有哪些？
11. 电动机的保护装置是什么？有什么作用？
12. 电气照明应注意什么？
13. 电气线路的防火防爆应注意哪些内容？
14. 预防电加热设备引起火灾，应该做到哪几点？
15. 电气线路与设备检修作业规范包括哪些内容？

附录 用电安全导则（GB/T 13869—92）

国家技术监督局1992年11月24日发布 1993年5月1日实施

1 主题内容与适用范围

本标准规定了用电安全的基本原则；用电安全的基本要求以及电气装置的检查和维护安全要求，其目的是为人身和财产提供安全保障。

本标准适用于交流额定电压1000V及以下、直流1500V以下的各类电气装置在安装、验收合格交付使用后的整个操作、使用、检查和维护过程。

2 术语

下列术语适用于本标准：

2.1 用电 eletric user

电气装置在安装、验收合格交付使用后的整个操作、使用、检查和维护过程。

2.2 电气装置 electric installation

一定的空间或场所中若干互相连接的电气设备的组合。

3 用电安全的基本原则

3.1 直接接触防护应采用以下方法之一：

a. 防止电流经由身体的任何部位通过；

b. 限制可能流经人体的电流，使之小于电击电流。

3.2 间接接触防护应采用以下方法之一：

a. 防止故障电流经由身体的任何部位通过；

b. 限制可能流经人体的故障电流，使之小于电击电流；

c. 在故障情况下触及外露可导电部分时，可能引起流经人体的电流等于或大于电击电流时，能在规定的时间内自动断开电流。

3.3 正常工作时的热效应防护，应使所在场所不会发生因地热或电弧引起可燃物燃烧或使人遭受灼伤的危险。

4 用电安全的基本要求

4.1 用电单位除遵守本标准的规定外，还应根据具体情况制定相应的用电安全规程及岗位责任制。

4.2 用电单位应对使用者进行用电安全教育和培训，使其掌握用电安全的基本知识和触电急救知识。

4.3 电气装置在使用前，应确认其已经国家指定的检验机构检验合格或具有认可。

4.4 电气装置在使用前，应确认其符合相应环境要求和使用等级要求。

4.5 电气装置在使用前，应认真阅读产品使用说明书，了解使用可能出现的危险以及相应的预防措施，并按产品使用说明书的要求正确使用。

4.6 用电单位或个人应掌握所使用的电气装置的额定容量、保护方式和要求、保护装置的整定值和保护元件的规格，不得擅自更改电气装置或延长电气线路，不得擅自增大电气装置的额定容量，不得任意改动保护装置的整定值和保护元件的规格。

4.7 任何电气装置都不应超负荷运行或带故障使用。

4.8 用电设备和电气线路的周围应留有足够的安全通道和工作空间。电气装置附近不应堆放易燃、易爆和腐蚀性物品。禁止在架空线上放置或悬挂物品。

附录 用电安全导则（GB/T 13869—92）

4.9 使用的电气线路须具有足够的绝缘强度、机械强度和导电能力并应定期检查。禁止使用绝缘老化或失去绝缘性能的电气线路。

4.10 软电缆或软线中的绿/黄双色线在任何情况下只能用作保护线。

4.11 移动使用的配电箱（板）应采用完整的、带保护线的多股铜芯橡皮护套软电缆或护套软线作电源线，同时应装设漏电保护器。

4.12 插头与插座应按规定正确接线，插座的保护接地极在任何情况下都必须单独与保护线可靠连接。严禁在插头（座）内将保护接地极与工作中性线连接在一起。

4.13 在儿童活动的场所，不应使用低位置插座，否则采取防护措施。

4.14 在插拔插头时人体不得接触导电极，不应对电源线施加拉力。

4.15 浴室、蒸汽房、游泳池等潮湿场所内不应使用可移动的插座。

4.16 在使用移动式的Ⅰ类设备时，应先确认其金属外壳或构架已可靠接地，使用带保护接地极的插座，同时宜装设漏电保护器，禁止使用无保护线插头插座。

4.17 正常使用时会产生飞溅火花、灼热飞屑或外壳表面温度较高的用电设备，应远离易燃物质或采取相应的密闭、隔离措施。

4.18 手提式和局部照明灯具应选用安全电压或双重绝缘结构。在使用螺口灯头时，灯头螺纹端应接至电源的工作中性线。

4.19 电炉、电熨斗等电热器具应选用专用的连接器，应放置在隔热底座上。

4.20 临时用电应经有关主管部门审查批准，并有专人负责管理，限期拆除。

4.21 用电设备在暂停或停止使用时、发生故障或遇突然停电时均应及时切断电源，必要时应采取相应技术措施。

4.22 当保护装置动作或熔断器的熔体熔断后，应先查明原因、排除故障，并确认电气装置已恢复正常后才能重新接通电源、继续使用。更换熔体时不应任意改变熔断器的熔体规格或用其他导线代替。

4.23 当电气装置的绝缘或外壳损坏，可能导致人体触及带电部分时，应立即停止使用，并及时修复或更换。

4.24 禁止擅自设置设备电网、电围栏或用电具捕鱼。

4.25 露天使用的用电设备、配电装置应采取防雨、防雪、防雾和防尘的措施。

4.26 禁止利用大地作工作中性线。

4.27 禁止将暖气管、煤气管、自来水管道作为保护线使用。

4.28 用电单位的自备发电装置应采取与供电电网隔离的措施，不得擅自并入电网。

4.29 当发生人身触电事故时，应立即断开电源，使触电人员与带电部分脱离，并立即进行急救。在切断电源之前禁止其他人员直接接触触电人员。

4.30 当发生电气火灾时，应立即断开电源，并采用专用的消防器材进行灭火。

5 电气装置的检查和维护安全要求

5.1 电工作业人员应经医生鉴定没有妨碍电工作业的病症，并应具备用电安全、触电急救和专业技术知识及实践经验。

5.2 电工作业人员应经安全技术培训，考核合格，取得相应的资格证书后，才能从事电工作业，禁止非电工作业人员从事任何电工作业。

5.3 电工作业人员在进行电工作业时应按规定使用经定期检查或试验合格的电工用个体防护用品。

5.4 当进行现场电气工作时，应有熟悉该工作和对现场有足够了解的电工作业人员来执行，并采取安全技术措施。

5.5 当非电工作业人员有必要参加接近电气装置的辅助性工作时，应有电工作业人员先介绍现场情况和电气安全知识、要求，并有专人负责监护，监护人不能兼做其他工作。

5.6 电气装置应有专人负责管理、定期进行安全检验或试验，禁止安全性能不合格的电气装置投入使用。

5.7　电气装置在使用中的维护必须由具有相应资格的电工作业人员按规定进行。经维修后的电气装置在重新使用前，应确认其符合4.4的要求。

5.8　电气装置如果不能修复或修复后达不到规定的安全技术性能时应予以报废。

5.9　长期放置不用的或新使用的用电设备、用电器应经过安全检查或试验后才能投入使用。

5.10　当电气装置拆除时，应对其电源连接部位作妥善处理，不应留有任何可能带电的外露可导电部分。

5.11　修缮建筑物时，对原有电气装置应采取适当的保护措施，必要时应将其拆除并应符合5.10的规定。在修缮完毕后再重新安装使用。

5.12　电气装置的检查、维护以及修理应根据实际需要采取全部停电、部分停电和不停电三种方式，并应采取相应的安全技术和组织措施。

5.12.1　不停电工作时应在电气装置及工作区域挂设警告标志或标示牌。

5.12.2　全部停电和部分停电工作应严格执行停送电制度，将各个可能来电方面的电源全部断开（应具有明显的断开点），对可能有残留电荷的部位进行放电，验明确实无电后方可工作。必要时应在电源断开处挂设标示牌和在工作侧各相上挂接保护接地线。严禁约时停送电。

5.12.3　当有必要进行带电工作时，应使用电工用个体防护用品，并有专人负责监护。

参 考 文 献

[1] 张庆河主编.电气与静电安全.北京：中国石化出版社,2007.
[2] 张盖楚,卞爱颖主编.电工实用技术.北京：金盾出版社,2007.
[3] 国家安全生产监督管理总局编.安全评价.北京：煤炭工业出版社,2005.
[4] 方大千主编.安全用电实用技术.北京：人民邮电出版社,2008.
[5] 李荫中主编.石油化工防火防爆手册.北京：中国石化出版社,2003.
[6] 曲世惠主编.电工作业.北京：气象出版社,2001.
[7] GB 3836—2000 爆炸性环境防爆电器设备.
[8] GB 4208 外壳防护等级的分类.
[9] GB/T 13869—92 用电安全导则.